规模化畜禽养殖废弃物处理技术

The Treatment Technologies of Waste from Intensive Livestock and Poultry Breeding

陈 彪◎著

海峡出版发行集团 | 福建科学技术出版社
THE STRAITS PUBLISHING & DISTRIBUTING GROUP | FUJIAN SCIENCE & TECHNOLOGY PUBLISHING HOUSE

图书在版编目（CIP）数据

规模化畜禽养殖废弃物处理技术 / 陈彪著 . —福州：福建科学技术出版社，2019.11（2021.4 重印）
ISBN 978-7-5335-5966-3

Ⅰ . ①规… Ⅱ . ①陈… Ⅲ . ①饲养场废物 – 废物处理 Ⅳ . ① X713

中国版本图书馆 CIP 数据核字（2019）第 163757 号

书　　名　规模化畜禽养殖废弃物处理技术
著　　者　陈彪
出版发行　福建科学技术出版社
社　　址　福州市东水路76号（邮编350001）
网　　址　www.fjstp.com
经　　销　福建新华发行（集团）有限责任公司
印　　刷　福建新华联合印务集团有限公司
开　　本　787毫米×1092毫米　1/16
印　　张　12.75
字　　数　180千字
版　　次　2019年11月第1版
印　　次　2021年4月第2次印刷
书　　号　ISBN 978-7-5335-5966-3
定　　价　39.00元

前　言

我国是养殖大国，畜牧业是我国农村经济的优势产业。“十二五”期间，随着“菜篮子工程”的推广和农村经济结构的调整，以集约化规模化为主的畜禽养殖业得到迅速发展，为提高我国城乡居民生活水平、发展农村经济、提高农业效益等方面做出了巨大的贡献。但是，大量的畜禽粪污未及时得到科学有效地治理，对生态环境造成了严重的污染，并成为农业面源污染的主要来源之一，直接影响了我国畜禽养殖业健康发展和生态环境安全。“十三五”期间，随着生态文明建设的深入推进和资源约束的日益凸显，农业面源污染已成为生态环境建设的突出问题之一，其中规模化畜禽养殖场污染是当前我国农业环境污染整治的重点，也是解决农业面源污染的关键。

畜禽养殖业产生的污染物特别是畜禽养殖废水具有有机污染物浓度高、酸化快、沉淀性能好等特点，同时富含腐殖酸、有效氮、有效态磷及钾等作物生长需要的有效养分资源，是可爱的资源库与可恶的污染源“综合体”。因此，畜禽养殖场粪污与废水的资源化利用是畜禽粪污处理的最佳途径，包括粪污收集、输送、储存、处理、利用等多个环节，是一项系统性工程。近年来，我国研究机构和政府职能部门积极探索粪污资源化利用的有效途径，创新出不少可复制的成功模式。这些模式总体可概括为种养结合、发酵床降解、有机肥生产等。本书就针对规模化养殖场粪污、废水处理技术及其应用模式进行了阶段性分析，为养殖企业和政府职能部门对养殖污染物治理与利用提供理论与技术支持，以保障养殖废水处理及资源化利用工艺技术的有效实施，为我国养殖业健康发展提供技术支撑。

本书著作过程力求数据夯实，分析深入浅出，但鉴于水平有限，书中难免有不足之处，望读者批评指正。

作　者

2019年7月于福建福州

目 录

DI-YI ZHANG

JICHU LILUN GAISHU

第一章
基础理论概述

一、畜禽主要分类

畜禽是指可供发展畜牧业的牲畜、家禽等，是人类动物蛋白主要的来源，包括猪、牛、羊、鸡、鸭等。畜禽养殖具有较高的经济价值，一直以来都是农民实现致富的重要途径。

猪属于哺乳纲，猪科，杂食肉用家畜。一般分为家猪和野猪。猪依据品种的不同，体貌特征也各不相同。但通常以体躯肥满，四肢短小为主要形体特征。鼻面短凹或平直，耳下垂或竖立，被毛较粗，有黑、白、酱红等色。性温驯，体强健，适应力强。生长快，成熟早，繁殖力强。生后5~12个月开始配种，妊娠期平均114天，每胎产仔6~15头。屠宰率高，肉质优良。在中国，肉类总消费中猪肉约占85%。家猪是野猪被人类驯化后所形成的亚种，獠牙较野猪短。

牛属于哺乳纲，牛科，是黄牛、水牛、牦牛等的统称。牛为草食反刍类动物，身体强大，肢端有蹄，头上长有一对角，尾巴尖端有长毛。体重自数百千克至千余千克不等，力气大，有乳用、肉用、役用和兼用等种类，皮、毛、骨等都有用处。

羊是反刍类哺乳动物，为牛科部分动物的统称。一般头上有一对角，种类很多，如绵羊、山羊、黄羊、羚羊和岩羊等。

兔为哺乳纲兔科动物的统称，有家兔和野兔等。耳大，齿尖利，上唇中央有裂缝，尾短而向上翘，前肢比后肢短，善于跳跃，胆小，听、嗅觉敏锐。繁殖力强，生后6~8个月可配种，妊娠期约30天，每胎产仔4~12只。成年兔体重自1.5千克至10千克不等。有毛用、皮用、肉用和皮肉兼用四型。

鸡为鸟纲，雉科家禽。品种很多，嘴短，上嘴稍弯曲，头部有红色的肉冠，脚健壮，翅膀短，不能高飞。母鸡5~8月龄开始产蛋，年产近百个至二三百个不等。可分蛋用、肉用、蛋肉兼用及观赏用等。

鸭属于鸟纲，鸭科家禽。嘴扁腿短，趾间有蹼，翅膀小，覆翼羽大。胆怯，喜合群，善游泳。善觅食，喜食动物性饲料，生长快，耐寒。体重1.5~4千克。可分蛋用、肉用和肉蛋兼用三型。

鹅是鸟纲雁形目鸭科动物的一种，属于家鹅。家鹅的祖先是雁，在三四千年前人类已经驯养。世界各地均有饲养。鹅头大，喙扁阔，前额有肉瘤。脖子很长，身体宽壮，龙骨长，胸部丰满，尾短，脚大有蹼。食青草，耐寒，合群性及抗病力强。生长快，寿命较其他家禽长。体重4~15千克。孵化期一个月。栖息于池塘等水域附近，善于游泳。

二、畜禽养殖基础管理

1. 春季管理

(1)温差

春季是一个天气多变的季节,早晚冷,中午热。在早晚天气变冷时,要堵好通风处,严防"贼风",防止冷空气侵入畜舍,致使畜禽发生感冒。中午天气变暖时,注意畜舍通风,防止畜舍通风不畅,空气不良,引发疫病。同时,为防止"倒春寒"现象的发生,应做好畜舍的保温工作。

(2)营养

春季气温回升,畜禽活力增强,活动频繁,体能消耗也随之增大,从而引起畜群对饲料的营养需求提高。因此,保持饲料的营养成分合理配比,适当提高维生素、蛋白、能量水平;禁止饲喂变质发霉饲料;在饮水或饲料中适当添加维生素C、维生素A和微量矿物质等适宜的营养性添加剂或药物,以增加畜禽机体抵抗力;为防止肠道疾病等传染病发生,可适量添加抗生素;为了增加畜禽的体质,增强抗病力,可在饮水中同时加入水溶性的复合维生素及电解质等,提高抗应激能力。

(3)防病

春季是疾病多发季节,越冬后的"畜群"容易感染疾病,因此要做好以下工作:一是做好消毒、卫生工作。要勤清除粪便、污物等,保持畜舍干净、卫生、空气良好。同时,定期做好场地、用具、车辆、粪便、污物、畜舍、环境、种蛋等的消毒工作,消灭传染源。常用消毒药物有石灰水、2%火碱溶液、2%~5%的过氧乙酸溶液、百毒杀等。二是做好免疫工作,防止传染病的发生。畜禽免疫注射是当前预防动物疫病的重要手段。根据当地畜禽疫病流行、发生特点,结合畜禽免疫程序,确定免疫病种,购买正规厂家疫苗,按照说明书的剂量和注射部位,做好免疫工作。一般情况下,生猪特别是规模养猪场应做好猪口蹄疫病、猪瘟、猪丹毒、猪肺疫、仔猪副伤寒、仔猪大肠杆菌病、蓝耳病、伪狂犬病、细小病毒病、链球菌病、猪水肿等病的防疫;黄牛应做好口蹄疫、炭疽等病的防疫;绵山羊应进行口蹄疫、羊三联四防、布鲁氏菌病的防疫;禽类应进行鸡新城疫、法氏囊、禽流感、马立克氏、鸭瘟、小鹅瘟的防疫。有条件的养殖场应进行免疫抗体监测,掌握免疫效果,以便及时补免。三是严格门禁制度。对进出场人员、车辆进行消毒工作,严防疫病传入。

（4）补栏

春季，养殖户在补栏时，应尽量在本地购买具有免疫证的健康畜禽。如有必要购买外地畜禽时，应及时了解该地、该场（户）的疫病发生、流行情况，在确定无疫病发生、流行时，临床查看畜禽是否健康，是否免疫规定病种、是否具有免疫合格证。在确定无疑后，在畜禽运输途中，应做好畜禽保温、通风、应激等问题。在购回后，应将所购畜禽隔离观察21天后，临床检查健康，方可同群饲养。

2. 夏季管理

（1）防暑降温

进入夏季持续高温时，会引发规模养殖场畜禽群体烦躁不安，表现不一、萎靡、受惊吓等，显现出热应激效应，严重时可能造成热应激死亡。所以，一定要做好防暑降温工作。对一般养殖场，采取就地取材的方式搭建遮阳棚，同时开启多个通风窗，有条件的养殖场，可安装空调降温，或配置风扇、排气扇等降温，畜禽舍棚顶覆盖湿草席降温，在圈舍屋顶喷水或圈舍内喷洒喷雾，中午在舍内地面上喷洒清洁凉水等方式降温。如果在梅雨时期，空气湿度大时，采取通风干燥措施，不可再喷水；对于规模较大规范化程度较高的养殖场，可通过安装和开启通风湿帘、通风机，建立隔热层等方式，保持畜禽舍内适宜温度。

（2）减小养殖数量

规模化的养殖场，为了减少热应激，要根据畜禽群体规模和密度大小，适度减小养殖数量。夏季气温高，舍内环境闷热，特别是梅雨季节，若养殖数量过大，会造成拥挤、堆压、积温闷圈，导致畜禽不能正常生长。因此，要适时出栏或调整转圈，根据畜禽生长阶段和环境条件，适当减少圈内的养殖密度，减少畜禽自身产热，从而降低舍内温度，减少热应激。

（3）供足饮水

高温季节畜禽的饮水量是冬季的4倍，是采食量的2~3倍。因此，必须保证畜禽及时喝到清洁甘爽的凉水。为了缓解热应激，应在饮水中定期放入适量多维素、电解质、抗应激药物、抗生素等，增强畜禽体质，减少畜禽由于热引发的应激反应。特别注意的是杀菌消毒药与其他添加食品不可同时放入饮水中，要分2次投入。

（4）全面消毒

加强禽畜养殖场的消毒工作，防止高温高湿环境下养殖场内病原微生物增多、蚊蝇滋生、细菌病毒繁殖、疫病多发。因此，要对养殖场畜禽分泌物、排泄物以及被污染的场地，包括圈舍、周边环境、垫料、用具、饲养人员衣物、鞋靴、生活环境、进出车辆等进行彻底消毒。常用消毒药有:碘类、酸类、碱类、季铵盐类、卤素类、醛类等。消毒程序是:清扫—清洗—干燥—消毒—清洗—再消毒—再清洗—再干燥。消毒顺序从高到低、从一侧到另一侧。对这一时期因各种原因死亡的畜禽,切忌屠宰贩卖或乱丢弃,严格执行病死畜禽不准宰杀、不准食用、不准出售、不准转运,必须进行无害化处理。同时养殖场还要对用具、畜禽、人员等进行严格消毒。对疑似传染病畜禽要进行隔离治疗和饲养,防止畜禽疫病的传播和流行。每天早、晚要对畜禽粪便进行彻底清扫,及时对圈舍进行消毒,每周消毒2次以上,并注意选择高效、无刺激、气味小、腐蚀性小的消毒剂,以保证圈舍内空气新鲜。

(5)免疫接种

根据养殖场实际情况,科学制定免疫程序,特别是牲畜口蹄疫、猪瘟、猪高致病性蓝耳病、畜禽呼吸道疾病等危害严重的疫病,必须做到能免就免。免疫接种时间选择在早、晚进行,避开高温时间段。对已免疫的畜禽,要及时抽检血清抗体水平,畜禽群内抗体水平较低的要实施免疫接种补充工作,确保禽畜群体保持较高的抗体水平。补栏的畜禽,要及时开展补充免疫工作。规模养殖场周边地区的散养畜禽,也要做好法定的畜禽疫病强制免疫,并加强疫情监测,防止零星散发的疫情延伸到规模养殖场。

(6)改善喂法

坚持“早餐精、中餐少、晚餐饱、保饮水”的饲喂方法。在高温时段(10:00~14:00)要严格控制饲料的喂量或视情况暂时停止喂料。在饲料的质量上,适当降低配料中的能量浓度,提高蛋白质和维生素的含量。适当加喂草、瓜、菜等青绿饲料,有利于改善畜禽的采食量。放养或平地圈养的禽畜,喂料时应增加食盆(槽)和饮水器,并间隔一定距离,避免禽畜群体拥挤冲撞。同时要妥善保管好饲料,特别是梅雨或夏季暴雨时,防止饲料受潮变质,严禁饲喂霉变饲料,防止畜禽中毒。

(7)预防灾害

夏季最容易发生台风、暴雨、火灾等灾害,特别是很多普通畜禽养殖场,规范化、标准化程度不高,畜禽舍大都是采用木制或竹制结构,持续高热干燥,容易发生火灾。所以,养殖场一定要加强预防各种灾害的发生。

①火灾预防措施:开辟宣传专栏,大力宣传消防知识、法律、法规;加强警示教育,张贴宣传标语;制定灭火应急疏散预案,组织从业人员进行演练,提高应急处置能力;严禁乱丢烟头,严禁带入或存放易燃物品,严禁用蜡烛取代照明灯。

②台风暴雨预防措施:在畜禽养殖场搭建多个临时遮雨棚,并且要牢固;台风暴雨来临前,应准备好手电筒、手机、食物、饮用水及常用药品,以备急需;关好养殖场门窗,取下悬挂

的东西，检查电路是否安全；及时清理排水管道，保持排水畅通；遇到危险时，及时拨打当地政府防灾电话求救。

3. 冬季管理

（1）冬季气候及地表植被的特点

天气寒冷，气温低，昼夜温差大；夜长昼短，光照时间短，紫外线强度低；饲草停止生长，供给不足，营养成分下降。

（2）冬季气候对畜禽健康和生产力的影响

①低温对畜禽健康的影响：低温可使畜禽呼吸道甚至于全身的抵抗力降低，利于病原微生物侵入及生长、繁殖；光照不足，紫外线强度低，不利于杀灭外界环境的病原微生物，以上两点均会使畜禽发病机会增大。如常见多发病为：气管炎、感冒等。

②低温对畜禽饲料消化率的影响：正常情况下，饲料消化率与其在消化道中停留的时间成正比。在低温环境中，甲状腺分泌加强，促进胃肠蠕动，食物在消化道中停留时间变短，影响畜禽全面摄取饲料中的营养物质，消化率降低20%左右。

③低温对畜禽生长和增重的影响：在低温环境中，禽畜机体散热量增加，为维持体温提高产热而加快代谢，同时增大采食量，用于生长的能量减少，生长增重放缓，在采食量不能满足基础代谢的情况下，甚至动用体内贮藏的能量以满足生存需求，可使生长停止，体重下降，对妊娠母畜可造成弱仔、甚至流产。

④夜长昼短、光照不足对畜禽采食量及营养摄入的影响：影响畜禽全日均衡采食，降低了采食量及消化能力；冬季饲草粗纤维含量增加，维生素减少，营养成分下降，致使草食家畜营养摄入严重不足。

（3）冬季畜禽饲养管理措施

①搞好畜禽舍的保温与增温：适宜的环境温度是保证畜禽正常生长、提高饲料转化率、降低生产成本、提高经济效益的首要因素。

a.保温：冬季气候寒冷多变，保暖是首要工作，为此，入冬前要及时对畜禽舍进行全面检查，进行维修，对有损坏的圈舍、墙壁、门窗、顶棚进行修理。入冬后，堵好各处的孔洞、缝隙，采用塑料棚覆盖运动场保温采光。

b.增温：提供热源如煤炉、暖气、电热板、空调等，在使用煤炉及地下烟道供暖时，要严防排烟不畅导致畜禽一氧化碳中毒死亡；增加饲养密度，依靠畜禽自身产热提高温度。

②保持畜禽舍清洁卫生，通风干燥：冬季为了保温，会降低通风强度，导致舍内湿度过高，

高湿易使微生物繁殖及有害气体溶解吸收，过多有害气体滞留，引起舍内空气质量严重下降，长期刺激畜禽，会使畜禽抗病力降低，诱发疾病，如呼吸道疾病等。所以，应勤打扫舍内粪便，降低因粪便存积而产生有害气体的浓度。保持干燥，及时通风，降低舍内有害气体浓度，以人在舍内感觉不憋气、不刺激、无恶臭为宜。

③增加光照：沐浴阳光有杀菌消毒、促进维生素D转化、抗佝偻病、促进性成熟、提高生产力等作用。冬季光照时间短，蛋鸡早晚应补充光照达14小时以上，有利于产蛋。后备及经产空怀母猪配种前每天光照增加至16小时，有利于发情排卵，提高产仔头数。

④驱虫保健：驱虫就是杀灭畜禽体内外的寄生虫。寄生虫病在发展过程中是渐进、缓慢的，它不像细菌、病毒来得快速、突然，但寄生虫病对养殖业来说危害极大。人们常把寄生虫病当作畜牧养殖的“隐形杀手”。冬季前驱虫有利于提高畜禽抗病能力，防止疫病发生，意义重大。配合环境消毒等措施，及时清扫粪便，可以达到较彻底的控制效果。体外寄生虫，可在天气晴朗、阳光充足时，中午用0、1%的双甲脒溶液等，对畜体及圈舍环境进行喷洒灭虫。

在驱虫药的选择上，要注意选驱虫谱广、疗效高、毒性低的广谱驱虫药；要多种药物交替使用，防止产生耐药性；也可选用中药制剂。中药驱虫药，除具有驱虫药的所有特点外，还具有多方位、多层次的效果，可以促进畜禽生长。

⑤消毒：消毒就是杀灭病原微生物，冬季太阳光照弱，紫外线强度低，光照时间短，给病原微生物创造了生存条件，畜禽易发传染病，因此免疫接种、搞好舍内外环境消毒，是防止传染病的重要手段，要求每月2~4次。舍内空气可用过滤消毒或紫外灯消毒。

⑥加强运动：运动能增强动物体质，提高畜禽抗病力。种公猪每天运动3小时，可提高精液品质；奶牛每天运动1~2小时能防止消化道疾病，提高产奶量，舍饲山羊每天活动2~3小时，可提高羊肉品质。

⑦寒冷的冬季，在畜禽饲养过程中，管理上采取保温与增温、增加光照等措施外还应注意饲养环节。

a.改善日粮品质，增加日粮饲喂量。寒冷的冬季，因畜禽机体维持需要增加，要适当增加完善饲料营养。草食动物，要适当补充精料，奶牛可增加混合精料10%~15%，外出放牧要迟出早归，特别是山羊要放在阳坡上，夜晚要适当补饲精料及人工牧草。

b.改善饲喂方式。冰冷的饲料在冬季对畜禽影响更大，尽量饲喂干粉料，或采用温热水拌料饲喂，有条件的应供给清洁的温水。冬季饲喂时间应安排提前早饲或延后晚饲或增加夜饲，使畜禽采食到足够的营养和全面的日粮，增加采食量，缩短饲养周期，提高养殖效益。

c.重视饲料中无机盐、维生素的补充。冬季饲草维生素减少，食物在消化道停留时间变短，重视无机盐和维生素的补充，有利于提高消化率，增强机体抗病能力。

三、沼气基本理论

人们经常看到，在沼泽地、污水沟或粪池里，有气泡冒出来，如果我们划着火柴，可把它点燃，这就是自然界天然发生的沼气。沼气，是各种有机物质，在隔绝空气的条件下，并在适宜的温度和pH下，经过微生物的发酵作用产生的一种可燃烧气体。沼气属于二次能源，并且是可再生能源。人畜粪便、秸秆、污水等各种有机物在密闭的沼气池内，在厌氧（没有氧气）条件下发酵，即被种类繁多的沼气发酵微生物分解转化，从而产生沼气。

沼气除直接燃烧用于炊事、烘干农副产品、供暖、照明和气焊等外，还可作内燃机的燃料及生产甲醇、甲醛、四氯化碳等化工原料。经沼气装置发酵后排出的料液和沉渣，含有较丰富的营养物质，可用作肥料和饲料。

1. 基本成分

沼气由50%~80%甲烷（CH_4）、20%~40%二氧化碳（CO_2）、小于5%的氮气（N_2）、小于1%的氢气（H_2）、小于0.4%的氧气（O_2）与0.1%~3%硫化氢（H_2S）等气体组成。由于沼气含有少量硫化氢，所以略带臭味。其特性与天然气相似。空气中如含有8.6%~20.8%（按体积计）的沼气时，就会形成爆炸性的混合气体。

沼气的主要成分是甲烷，它无色无味，是一种理想的气体燃料。每立方米纯甲烷的发热值为34000千焦，每立方米沼气的发热量为20800~23600千焦。即1立方米沼气完全燃烧后，能产生相当于0.7千克无烟煤提供的热量。与其他燃气相比，其抗爆性能较好，是一种很好的清洁燃料。

2. 相关技术

沼气作为能源利用已有很长的历史。我国的沼气最初主要为农村户用沼气池，20世纪70年代初，为解决秸秆焚烧和燃料供应不足的问题，我国政府在农村推广沼气事业，沼气池产生的沼气用于农村家庭的炊事，后来逐渐发展到照明和取暖。目前，户用沼气在我国农村仍在广泛使用。我国的大中型沼气工程始于1936年，此后，大中型废水、养殖业污水、村镇生物质废弃物、城市垃圾沼气的建立拓宽了沼气的生产和使用范围。随着我国经济发展，人民生活水平的提高，工业、农业、养殖业的发展，大型废弃物发酵沼气工程仍将是我国可再生能源利用和环境保护的切实有效的方法。

沼气燃烧发电是随着大型沼气池建设和沼气综合利用的不断发展而出现的一项沼气利用技术，它将厌氧发酵处理产生的沼气用于发动机上，并装有综合发电装置，以产生电能和热能。沼气发电具有创效、节能、安全和环保等特点，是一种分布广泛且价廉的分布式能源。沼气发电在发达国家已受到广泛重视和积极推广。生物质能发电并网在西欧一些国家占能源总量的10%左右。

（1）沼气燃料电池技术

燃料电池是一种将储存在燃料和氧化剂中的化学能，直接转化为电能的装置。当源源不断地从外部向燃料电池供给燃料和氧化剂时，它可以连续发电。依据电解质的不同，燃料电池分为碱性燃料电池（AFC）等。

燃料电池不受卡诺循环限制，能量转换效率高，洁净、无污染、噪声低，模块结构、积木性强、比功率高，既可以集中供电，也适合分散供电。燃料电池将是21世纪最有竞争力的高效、清洁的发电方式，它将在洁净煤燃料电站、电动汽车、移动电源、不间断电源、潜艇及空间电源等方面，有着广泛的应用前景和巨大的潜在市场。

沼气燃料电池是最新出现的一种清洁、高效、低噪音的电装置，与沼气发电机发电相比，不仅出电效率和能量利用率高，而且振动和噪音小，排出的氮氧化物和硫化物浓度低，因此是很有发展前途的沼气利用工艺，将沼气用于燃料电池发电，是有效利用沼气资源的一条重要途径。我国的燃料电池研究始于1958年。但是，由于多年来在燃料电池研究方面投入资金数量很少，就燃料电池技术的总体水平来看，与发达国家尚有较大差距。燃料电池的出现与发展，将给便携式电子设备带来一场深刻的革命，并且还会波及汽车业、住宅及社会各方面的集中供电系统。

（2）污染治理应用

对于以农业为主的中国，沼气技术在农业领域正发挥着很大的作用，目前，国家制定法律法规中有许多发展农村沼气的有关政策规定，并在全国各地大力推动大中型沼气工程建设，并且进一步提高设计、工艺和自动控制技术水平。预计到2015年，处理工业有机废水的大中型沼气工程达2500座，形成年生产沼气能力40亿立方米，相当于343万吨标准煤，年处理工业有机废水37500万立方米。农业废弃物沼气工程到2015年累计建成近4100个，形成年生产沼气能力4.5亿立方米，相当于58万吨标准煤，年处理粪便量1.23亿吨，从而解决全国规模化养殖场的污染治理问题，使粪便得到资源化利用。

3. 发展前景

目前，世界各国已经开始将沼气用作燃料和用于照明。用沼气代替汽油、柴油，发动机器的效果也很好。将它作为农村的能源,具有许多优点。例如,修建一个平均每人1~1.5平方米的发酵池,就可以基本解决一年四季的燃柴和照明问题;人、畜的粪便以及各种作物秸秆、杂草等,通过发酵后,既产生了沼气,还可作为肥料,而且由于腐熟程度高使肥效更高,粪便等沼气原料经过发酵后,绝大部分寄生虫卵被杀死,可以改善农村卫生条件,减少疾病的传染。现在,沼气的应用正在各国广大农村推广,沼气能源的开发利用和普及等方面,已经取得了较好的成绩。

从世界范围看,利用各种微生物协同作用生产甲烷的研究和应用,正处于方兴未艾的阶段。近年来,中国沼气事业获得了迅速的发展,沼气池总数已达到1000多万个。在四川、浙江、江苏、广东、上海等省市农村,有些地方除用沼气煮饭、照明外,还办起了小型沼气发电站,利用沼气能源作动力进行脱粒、加工食料、饲料和制茶等,闯出了用“土”办法解决农村电力问题的新路子。专家们认为,21世纪沼气在农村之所以能够成为主要能源之一,是因为它具有不可比拟的特点,特别是在中国的广大农村,这些特点就更为显著了。首先,沼气能源在中国农村分布广泛,潜力很大,凡是有生物的地方都有可能获得制取沼气的原料,所以沼气是一种取之不尽,用之不竭的再生能源。其次,可以就地取材,节省开支。沼气电站建在农村,发酵原料一般不必外求。兴办一个小型沼气动力站和发电站,设备和技术都比较简单,管理和维修也很方便,大多数农村都能办到。据调查对比,小型沼气电站每千瓦投资只要400元左右,仅为小型水力电站的1/2~1/3,比风力、潮汐和太阳能发电低得多。小型沼气电站的建设周期短,只要几个月时间就能投产使用,基本上不受自然条件变化的影响。采用沼气与柴油混合燃烧,还可以节省17%的柴油。研究表明,21世纪无论在农村还是城镇,都可以根据本地的实际情况,就地利用粪便、秸秆、杂草、废渣、废料等生产的沼气来发电。

四、畜禽养殖粪污处理工艺与排放标准

1. 粪污处理工艺

随着畜牧业的规模化发展,随之而来的大量集中的粪便污水排放引起的环境污染问题也愈发严重。主要包括下面几个原因,一是氨氮浓度高。高氨氮废水对水体好氧菌具有抑制作用;二是碳氮比失调。通常粪污厌氧处理后,虽然BOD_5、COD_{cr}有所降低,但是氨氮浓度不变或反而会增加,一般C∶N在(1∶1)~(2∶1);三是盐分高。目前各种节水工艺,使得污水中盐分大大增高(目前水泡粪及机械刮板粪污水盐度可以达到1.5%);四是抗生素及重金属影响严重。保育阶段的重金属,饲喂全程的抗生素等。

目前存在的各种粪污处理工艺技术,常见的有水冲粪、水泡粪、干清粪、机械刮粪、发酵床等,其应用模式的水质情况见表1-1所示。

表 1-1　养猪场不同清粪工艺污水水量和水质

清粪工艺		水冲粪	水泡粪	干清粪
水量	平均每头(L/d)	35～40	20～25	10～15
	万头猪场(m^3/d)	210～240	120～150	60～90
水质指标(mg/L)	BOD_5	5000～6000	8000～10000	302,1000,—
	COD_{cr}	11000～13000	8000～24000	989,1476,1255
	SS	17000～20000	28000～35000	340

(1) 水冲粪模式

水冲粪工艺是20世纪80年代从国外引进规模化养猪技术和管理方法时采用的主要清粪模式。主要目的是定时、有效地清除猪舍内的粪便、尿液,保持畜舍环境卫生,减少清理粪污的劳动力投入,提高养殖场自动化管理水平。

①方法:粪尿污水混合进入缝隙地板下的粪沟,每天数次从沟端的水喷头放水冲洗。粪水顺粪沟流入粪便主干沟,进入地下贮粪池或用泵抽吸到地面贮粪池。

②优点:可保持猪舍内的环境清洁,有利于动物健康,劳动强度小,劳动效率高,有利于养殖场工人健康,在劳动力缺乏的地区较为适用。工艺技术不复杂,不受气候变化影响。

③缺点:耗水量大,一个万头猪场每天需消耗大量的水(200~250立方米);污染物浓度高;分离出的固体养分含量低,肥料价值低。污水处理部分基建投资及动力消耗较高。

(2) 水泡粪模式

水泡粪工艺的主要目的是定时、有效地清除猪舍内的粪便尿液,减少粪污清理过程中的劳动力投入,减少冲洗用水,提高养殖场自动化管理水平。

水泡粪清粪工艺是在水冲粪工艺的基础上改造而来的。工艺流程是在猪舍内的排粪沟中注入一定量的水,粪尿、冲洗和饲养管理用水一并排放缝隙地板下的粪沟中,储存一定时间后(一般为1~2个月),打开出口的闸门,将沟中粪水排出。粪水沿着粪沟流入粪便主干沟,进入地下贮粪池或用泵抽吸到地面贮粪池。

水泡粪猪舍和其他猪舍结构上没有太大区别,地板是采用全漏缝地板,包括饲养过道也是在漏缝地板之上,一般高于舍外地面0.8m~1m,漏缝地板下面建一个和猪舍一样大的封闭池,防止漏水。在设计时考虑保暖,冬季漏缝地板和猪舍底部的距离要用卷帘遮挡,防止舍内降温。水泡粪猪舍在设计时尽量减少用水量,保持漏缝地板下水位稳定。

①优点:比普通猪舍水冲粪工艺节省用水,工艺技术不复杂,不受气候变化影响。

②缺点:导致猪舍氨气污染严重及污水后期处理难度大。污水处理部分基建投资及动

力消耗较高。

（3）固液分离模式

无论畜禽养殖场废水采用什么系统或综合措施进行处理，都必须首先进行固液分离。粪便污水首先经过管道或者渠道集中到集粪，通过污水泵将猪粪污水提升送至固液分离机内，同时不断提高前缘的压力，迫使物料中的水分在挤压过滤的作用下挤出网筛，流出排水管。

一般养殖场排放出来的废水中固体悬浮物含量很高，最高可达160000mg/L，相应的有机物含量也很高，通过固液分离可使液体部分的污染物负荷量大大降低；其次，通过固液分离可防止较大的固体物进入后续处理环节，防止设备的堵塞损坏等。可解决猪粪在沼气池中的沉淀问题，增强沼气池的处理能力，又可大大减小沼气池、生化池的建设面积；节省环保处理的建设投资和土地使用面积。

（4）干清粪模式

干清粪工艺是将动物的粪便和尿液排出后随即进行分流处理，干粪由机械或人工收集、清扫、运走，尿液则从排尿沟流出，然后再分别进行处理，是目前养殖场提倡的一种清粪工艺。

优点：粪便一经产生便分流，可保持舍内清洁，无臭味，产生的污水量少，且浓度低，易于净化处理，最大限度地减少废水的产生和排放，降低废水的污染负荷。干粪直接分离，养分损失小，肥料价值高，经过适当堆制后，可制作出高效生物活性有机肥，实现干清粪、粪水分离、分别处理是降低处理成本，提高处理效果的最佳方案，也是减少和降低畜禽生产给环境造成严重污染的重要措施之一。

缺点：劳动强度大，劳动生产效率低，需要大量的劳动力资源。在劳动力资源比较缺乏的地区，干清粪难以为继。

（5）机械刮粪模式

机械刮粪是采用电力驱动刮粪板，每天运行多次清空地沟的清粪方式。形式上可以分为平刮板和V形刮板两种。平刮板相对工艺简单，粪尿一起刮出舍外，舍内没有实现干湿分离，需要后续增加干湿分离设备，由于地沟坡度不大，尿液容易挥发，相对空气质量较差。目前国内的机械刮粪设备还是以V形刮板为主。

V形刮板在舍内可以实现干湿分离，尿液利用坡度可以较快排出，挥发相对较小，但是相对平刮板而言施工精度要求高，地沟沟底如果精度不理想会影响后续的刮粪效果，增加故障率。所以采用机械刮粪板尤其是V形刮板的猪舍一定要注意地沟的施工质量控制。法国为了保证地沟沟底的精度有采用混凝土预制件的方式，目前在国内也有项目开始采用。

优点：满足环保政策和后续粪污处理工艺的要求，运行良好的刮粪板对舍内的控制质量有一定的改善作用。

缺点:刮粪板投资较大,运行维护费用较高。很多采用刮粪板的猪舍冬季通风出现问题,空气质量甚至比水泡粪猪舍更差就是由于猪舍的气密性遭到了破坏。

可以在刮粪机端部采用盖板的方式,粪便刮出时顶开盖板,粪便刮出后自动盖下保障了猪舍的气密性。电机、滑轮等需要日常维护保养的设备也尽量设置在舍外或易于人员操作的位置,以降低维护保养的难度。

(6)发酵床模式

利用微生物发酵控制技术,将微生物与锯木屑、谷壳或秸秆等按一定比例混合,进行高温发酵后作为有机物垫料制成发酵床,猪的粪尿排放在发酵床上,经过垫料微生物及时分解和消化,实现粪尿和污水的零排放。

优点:无需冲洗猪舍,节约水资源;无粪尿污水向外排放,实现无污染、无排放、无臭气的清洁生产,较好地保护养殖和生态环境,有利于饲养人员和猪的健康;减少了劳动量,节约了劳动力。

缺点:猪的饲养面积大,增加场区占地面积;菌种、垫料的来源和替代需进一步研究;夏季垫料产热,温度较高,不利于猪的健康。

发酵床的演变历程:第一代接触性发酵床,是2016年从韩国、日本引进国内的。后来发现对猪的呼吸道影响比较大,夏季温度过高等原因,升级为第二代发酵床;第二代发酵床在原来的基础上,抬高了发酵床,但是运行一段时间后,氨气对猪只生长易造成不利的影响,为解决这个实际的生产问题,将发酵床移到室外,升级为第三代室外发酵床。

对于猪场粪污,这种高浓度的有机废水,必须采用厌氧消化(沼气发酵)工艺,因为只有厌氧消化,才能对可溶性有机物进行大量的去除(去除率可达85%~90%),而且可杀死传染源,有利于防疫。

猪舍的清粪工艺是猪舍设计工艺的重要组成部分,是决定猪场能否高效运行的关键因素之一。总的来说,好的猪舍清粪工艺要满足以下几点原则:①保持舍内清洁、干燥、防滑的地面;②尽量避免动物和工人暴露在臭气和粪便挥发的刺激有毒气体中;③尽量少用人工,尽量减少收集、储存、运输粪便的费用;④遵循各级法规和政策。

(7)UASB 工艺简述

①格栅及格栅井:格栅安放在处理工艺的前端,可以将污水中的漂浮物进行截留,减少设备堵塞,同时减少了后续处理负荷,保证后续处理机泵的正常运行。考虑进水水质状况,采用粗细两道格栅,人工定期清污。

②调节池:调节池用于废水的汇集,因废水水质、水量的不均衡性,先对废水进行水量调节,保证后续处理的稳定性。在调节池后端设置污水提升泵,将废水打入后续处理工艺。根据生产工艺排水水质、水量状况,可在调节池中增设沉淀或预曝气功能。

③换热器：废水经泵提升，进入加热装置（板式换热器）调节温度。使温度控制在35±1℃左右，然后进入UASB反应器。

④UASB反应器：UASB反应器作为废水处理的主要单元，下部设有的布水系统，废水以一定的流速向上流动，在其过程中，废水中的污染物质与其中的厌氧菌充分接触，厌氧微生物在厌氧的条件下将废水中的有机污染物分解，并产生沼气，使废水得到净化。

上部安装三相分离器，水、污泥和沼气分离效果好，可有效地防止污泥流失，从而保证厌氧反应器中具有较大的污泥存有量；在反应器中可培养、驯化出大量的高活性厌氧颗粒污泥，实现厌氧反应器的稳定、高效运行，并能实现高活性厌氧颗粒污泥的工业化生产，生成的沼气通过气罩收集后综合利用，可创造经济价值。

⑤缺氧池+生物接触氧化池："缺氧池+生物接触氧化池"为传统的A/O脱氮工艺。在缺氧反应池中厌氧菌、兼性厌氧菌分解有机物的同时，反硝化细菌利用废水中的有机物将好氧反应池回流混合液中的NO_2-N、NO_3-N还原为氮气放出，达到脱氮的目的。缺氧反应池出水进入好氧反应池，在好氧反应池中，好氧微生物将有机物氧化分解为CO_2和H_2O，硝化细菌将水中的氨氮转化为NO_2-N、NO_3-N；好氧反应池混合液回流至缺氧反应池脱氮；好氧反应池出水进入好氧沉淀池分离挟带的污泥，出水达标排放。

缺氧阶段溶解氧（DO）控制在0.5mg/L以下。好氧阶段溶解氧（DO）控制在3mg/L以上。缺氧池、生物接触氧化池主要由池体、填料和布气系统三部分组成。废水由调节集水池进入生化池，运行中废水在池内不断循环，充分与填料上的生物膜接触，水中有机污染物被微生物吸附、氧化分解，并部分转化为新的生物膜，使废水得到净化。池内置生物颗粒填料，采用微孔曝气，罗茨鼓风机供氧。

⑥二级沉淀池：废水由生物接触氧化池提升进入沉淀池，在重力沉降的作用下，进行固液分离，上清液可达标排放，沉降下来的污泥用污泥泵回流到生化池，剩余污泥进入污泥处理系统。

⑦污泥处理系统：污泥处理包括自然风干和污泥脱水两种形式。所谓自然风干，就是我们常用的污泥干化池，占地面积较大，停留时间长；所谓污泥脱水，是指通过机械设备去除污泥中的大部分水，常用的脱水设备有带式脱水机、板框脱水机等。

2. 畜禽养殖业污染物排放标准

2001年，国家环境保护总局和国家质量监督检验检疫总局联合发布了《畜禽养殖业污染物排放标准》(GB18596—2001)。该标准旨在贯彻《中华人民共和国环境保护法》《中华人民共和国水污染防治法》和《中华人民共和国大气污染防治法》，控制畜禽养殖业产生的废水、废渣和恶臭对环境的污染，促进养殖业生产工艺和技术进步，维护生态平衡。该标准适用于集约化、规模化的畜禽养殖场和养殖区，不适用于畜禽散养户。根据养殖规模，分阶段逐步控制，鼓励种养结合和生态养殖，逐步实现全国养殖业的合理布局。根据畜禽养殖业污染物排放的特点，该标准规定的污染物控制项目包括生化指标、卫生学指标和感观指标等。为推动畜禽养殖业污染物的减量化、无害化和资源化，该标准规定了废水、恶臭排放标准和废渣无害化环境标准，现将该标准摘录如下。

1. 主题内容与适用范围

1.1 主题内容

本标准按集约化畜禽养殖业的不同规模分别规定了水污染物、恶臭气体的最高允许日均排放浓度、最高允许排水量，畜禽养殖业废渣无害化环境标准。

1.2 适用范围

本标准适用于集约化畜禽养殖场和养殖区污染物的排放管理及其相关建设项目环境影响评价、环境保护设施设计、竣工验收及其投产后的排放管理。

1.2.1 本标准适用的畜禽养殖场和养殖区的规模分级，按表1–2和表1–3执行。

表1–2　集约化畜禽养殖场的适用规模（以存栏数计）

规模类别	猪（头）（25kg以上）	鸡（只）		牛（头）	
		蛋鸡	肉鸡	成年奶牛	肉牛
I级	≥3000	≥100000	≥200000	≥200	≥400
II级	500≤Q<3000	15000≤Q<100000	30000≤Q<200000	100≤Q<200	200≤Q<400

表1–3　集约化畜禽养殖区的适用规模（以存栏数计）

规模类别	猪（头）（25kg以上）	鸡（只）		牛（头）	
		蛋鸡	肉鸡	成年奶牛	肉牛
I级	≥6000	≥200000	≥400000	≥400	≥800
II级	3000≤Q<6000	10000≤Q<200000	20000≤Q<400000	200≤Q<400	400≤Q<800

注：Q表示养殖量。

1.2.2 对具有不同畜禽种类的养殖场和养殖区，其规模可将鸡、牛的养殖量换算成猪的养殖量，换算比例为:30只蛋鸡折算成1头猪,60只肉鸡折算成1头猪,1头奶牛折算成10头猪,1头肉牛折算成5头猪。

1.2.3 所有Ⅰ级规模范围内的集约化畜禽养殖场和养殖区，以及Ⅱ级规模范围内且地处国家环境保护重点城市、重点流域和污染严重河网地区的集约化畜禽养殖场和养殖区，自本标准实施之日起开始执行。

1.2.4 其他地区Ⅱ级规模范围内的集约化养殖场和养殖区，实施标准的具体时间可由县级以上人民政府环境保护行政主管部门确定。

1.2.5 对集约化养羊场和养羊区，将羊的养殖量换算成猪的养殖量，换算比例为:3只羊换算成1头猪，根据换算后的养殖量确定养羊场或养羊区的规模级别，并参照本标准的规定执行。其中畜禽养殖污染物指标测试参照表1-4方法测定。

表1-4 集约化畜禽养殖污染物指标测试方法

序号	项目	监测方法	方法来源
1	生化需氧（BOD_5）	稀释与接种法	GB7488－87
2	化学需氧（CODcr）	重铬酸钾法	GB11914－89
3	悬浮物（SS）	重量法	GB11901－89
4	氨氮（NH_3-N）	钠氏试剂比色法 水杨酸分光亮度法	GB7479－87 GB7481－87
5	总P（以P计）	钼蓝比色法	1）
6	粪大肠菌群数	多管发酵法	GB5750－85
7	蛔虫卵	吐温－80柠檬酸缓冲液离心沉淀集卵法	2）
8	蛔虫卵死亡率	堆肥蛔虫卵检查法	GB7959－87
9	寄生虫卵沉降率	堆肥蛔虫卵检查法	GB7959－87
10	臭气浓度	三点式比较臭袋法	GB14675

注：分析方法中未列出国标的暂时采用下列方法，待国家标准方法颁布后执行国家标准。

1）水和废水监测分析方法（第三版），中国环境科学出版社，1989。

2）卫生防疫检验，上海科学技术出版社，1964。

五、畜禽生态养殖

所谓生态养殖，是指运用生态学原理，保护水域生物多样性与稳定性，合理利用多种资源，以取得最佳的生态效益和经济效益。生态养殖是在我国农村大力提倡的一种生产模式，其最大的特点就是在有限的空间范围内，人为地将不同种的动物群体以饲料为纽带串联起来，形成一个循环链，目的是最大限度地利用资源，减少浪费，降低成本。

利用无污染的水域如湖泊、水库、江河及天然饵料，或者运用生态技术措施，改善养殖水质和生态环境，按照特定的养殖模式进行增殖、养殖，投放无公害饲料，也不施肥、不用药等，目标是生产出无公害绿色食品和有机食品。

相对于集约化、工厂化养殖方式来说，生态养殖是让畜禽在自然生态环境中按照自身原有的生长发育规律自然地生长，而不是人为地制造生长环境和用促生长剂让其违反自身原有的生长发育规律快速生长。如农村一家一户少量饲养的不喂全价配合饲料的散养畜禽，即为生态养殖。

随着人们生活水平的不断提高,用集约化、工厂化养殖方式生产出来的产品,品质、口感均较差的畜禽产品已不能满足广大消费者日益增长的消费需求,而农村一家一户少量饲养的不喂全价配合饲料的散养生态畜禽因其产量低、数量少也满足不了消费者的对生态畜禽产品的消费需求,因而现代生态养殖应运而生。

1. 养殖方法

现代生态养殖是有别于农村一家一户散养和集约化、工厂化养殖的一种养殖方式,是介于散养和集约化养殖之间的一种规模养殖方式,它既有散养的特点——畜禽产品品质高、口感好,也有集约化养殖的特点——饲养量大、生长相对较快、经济效益高。但如何搞好现代生态养殖,却没有一个统一的标准与固定的模式。要想搞好生态养殖,必须注意以下几点:

(1)环境选择

合适的自然生态环境是进行现代生态养殖的基础,没有合适的自然生态环境,生态养殖也就无从谈起。发展生态养殖必须根据所饲养畜禽的天性选择适合畜禽生长的无污染的自然生态环境,有比较大的天然的活动场所,让畜禽自由活动、自由采食、自由饮水,让畜禽自然的生长。如一些地方采取的林地养殖等就是很好的生态养殖模式。

(2)配合饲料

使用配合饲料是进行现代生态养殖与农村一家一户散养的根本区别。如仅是在合适的自然生态环境中散养而不使用配合饲料,则畜禽的生长速度必然很慢,其经济效益也就很低,这不仅影响饲养者的积极性,而且也不能满足消费者的消费需求,因此,进行现代生态养殖仍然要使用配合饲料。但所使用的配合饲料中不能添加促生长剂与动物性饲料,因为添加促生长剂虽然可加快畜禽的生长速度,但其在畜禽产品中的残留却降低了畜禽产品的品质,也降低了畜禽产品的口感,满足不了消费者的消费需求。配合饲料中添加动物性饲料同样影响畜禽产品的品质和口感,因此,进行现代生态养殖所用的配合饲料中不能添加促生长剂与动物性饲料。

(3)粪污回收

生态养殖的畜禽大部分时间是处在散养自由活动状态,随时随地都有可能排出粪便,这些粪便如不能及时清理,则不可避免地会造成环境污染,也容易造成疫病传播,进而影响饲养者的经济效益和人们的身体健康。因此,应及时清理畜禽粪便,减少环境污染,保证环境卫生。

(4)饲料选择

给畜禽多喂一些青绿饲料不仅可以给畜禽提供必需的营养，而且可提高畜禽机体免疫力，促进畜禽身体健康。饲养者可在畜禽活动场地种植一些耐践踏的青饲料供畜禽活动时自由采食，但仅靠活动场地种植的青饲料还不能满足生态养殖畜禽的需要，必须另外供给。另外供给的青饲料最好现采现喂，不可长时间堆放，以防堆积过久产生亚硝酸盐，导致畜禽亚硝酸盐中毒。青饲料采回后，要用清水洗净泥沙，切短饲喂。如果畜禽长期吃含泥沙的青饲料，可能引发胃肠炎。不要去刚喷过农药的菜地、草地采食青菜或牧草，以防畜禽农药中毒。一般喷过农药后须经15天后方可采集。饲喂青绿饲料要多样化，这样不但可增加适口性，提高畜禽的采食量，而且能提供丰富的植物蛋白和多种维生素。在冬季没有青饲料时，要多喂一些青干草粉以提高畜禽产品品质和口感。

(5)防疫

生态养殖的畜禽大部分时间是在舍外活动场地自由活动，相对于工厂化养殖方式更容易感染外界细菌病毒而发生疫病，因此，做好防疫工作就显得尤为重要。防疫应根据当地疫情情况制定正确的免疫程序，防止免疫失败。

为避免因药物残留而降低畜禽产品品质，饲养者要尽量少用或不用抗生素预防疾病，可选用中草药预防，有些中草药农村随处可见，如用马齿苋、玉米芯碳等可防治拉稀，五点草可增强机免疫力。这样不仅可提高畜禽产品质量，而且降低饲养成本。

(6)生态养殖宣传

建立生态养殖品牌，提高饲养者生态养殖的知名度做好生态养殖宣传工作，建立生态养殖品牌是一项非常重要的工作。把宣传工作做好，让广大消费者了解你的畜禽或畜禽产品是真正按生态养殖方式生产出来的，是高品质的，这样才能使消费者接受相对较高的价格，从而提高饲养者的经济效益。促进生态养殖健康稳定快速发展。

2. 养殖途径

(1)立体养殖

立体养殖能够促进农业的生态化发展，实现挖潜降耗、降低污染的目的，有利于保护生态环境。如:“鸡—猪—蝇蛆—鸡、猪”模式，即是以鸡粪喂猪，猪粪养蝇蛆后肥田，蝇蛆制粉，含蛋白质高达63%，用来喂鸡或猪，饲养效果与豆饼相同。更重要的是，蝇蛆含有甲壳素和抗菌肽，可以大幅度提高猪、鸡的抗病力。这种模式，既节省了饲料粮和日常药物投入，又使鸡粪作了无害化处理，经济效益和环境效益均十分明显。与此相似的还有“鸡—鱼、藕”

模式:架上养鸡,架下鱼池,池中养鱼、植藕;“水禽—水产—水生饲料”模式:坝内水上养鹅鸭,水下养鱼虾,水中养浮萍,同时,坝上还可养猪鸡;还有“猪—沼—果”(林、草、菜、渔)等模式,都是非常好的立体养殖模式。

(2)自然养殖

家禽过了人工给温期,就可以逐步将仔禽放养到果园、山林、草地或高秆作物地里,让牛、羊、驴、鸡等牲畜自由采食青草、野菜、草籽、昆虫。这种放归自然的饲养方式,好处甚多:首先是减少了饲喂量,可以节省大量粮食;其次是能有效清除大田害虫和杂草,达到生物除害的功效,减少人们的劳动强度和大田的药物性投入;三是能增强家禽机体的抵抗力、激活免疫调节机制,家禽得病少,节约预防性用药的资金投入;四是能大幅度提高禽肉、禽蛋的品质,生产出特别受人欢迎的绿色产品。有条件的地方,都可以利用滩涂、荒山等自然资源,建设生态养殖场所,以便生产出无污染、纯天然或接近天然的绿色产品,同时还能从本质上提高动物的抗病能力,减少预防性药物的投入。

(3)生物养殖

生物菌制剂也叫微生态制剂,其中的有益菌在动物肠道内大量繁殖,使病原菌受到抑制而难以生存,产生一些多肽类抗菌物质和多种营养物质,如B族维生素、维生素K、β-胡萝卜素、氨基酸、促生长因子等,抑制或杀死病原菌,促进动物的生长发育。更有积极意义的是,有益菌在肠道内还可产生多种消化酶,从而可以降低粪便中吲哚、硫化氢等有害气体的浓度,使氨浓度降低70%以上,起到生物除臭的作用,对于改善养殖环境十分有利。使用生物菌制剂有“三好”优点,即安全性好,稳定性好,经济性好,可以彻底消除使用抗菌药物带来的副作用,是发展生态养殖的重要途径。

DI-ER ZHANG
CHUQIN YANGZHIYE DE
FAZHAN LISHI JIQI QUSHI

第二章
畜禽养殖业的发展历史及其趋势

一、发展历史与现状

我国是世界上畜禽养殖业发展最早的国家之一。据考古资料推断，我国对野生动物的驯养开始于距今1万年左右的中石器时代初期。距今5000～6000年前的原始社会末期，在今天的黄河流域，原始的畜牧业已经形成，不仅有猪、狗、山羊、绵羊等小家畜的驯养，而且马、黄牛等也先后被驯化，其驯养数量不仅可满足食用的需要，有的逐渐成为畜力的来源。距今4000多年前，进入夏代奴隶制社会以后，家畜既是一种生活资料，又是一种生产资料，马匹还被广泛作为战争工具。距今2000多年前的东周与春秋战国时期，不仅在黄河流域中原地区有了发达的畜牧业，而且在长江的中下游地区也已呈现出六畜兴旺的景象。在长达2000多年的封建社会中，由于受到严重的自然灾害与频繁的战争等因素的影响，我国的畜禽养殖业出现了较大波动，时起时落，但仍然为世界畜牧业的发展做出了卓越的贡献。

新中国成立50多年来，畜牧业的发展取得了举世瞩目的巨大成就。特别是改革开放20年来，随着农村经济体制的全面展开和党中央、国务院各项方针政策的贯彻落实，畜牧业得到了持续快速发展，主要畜禽产品产量连续20年以10%左右的速度增长。至2016年，全国肉类、禽蛋和奶类产量均比1949年增长了数十倍。畜牧业产值在农林牧渔业总产值中的比重由1949年的12.4%提高到2015年的30.4%。1980～2012年，全国肉、蛋、奶产量年平均增长率分别为8.7%、12.1%和9.9%，人均占有水平也进一步提高。1985年和1990年，我国的禽蛋和肉类产量先后跃居世界第一位。2014年我国人均占有肉类47.3kg，超过世界平均占有水平；禽蛋16.5kg，超过发达国家平均占有水平。

中华人民共和国成立以来，我国畜牧业的发展大致可以分为三个阶段。

第一阶段为1953～1978年。为了解决城市供应和出口需要，20世纪50年代后期，在一些大、中城市郊区开始建立一批以猪禽为主的副食品基地。20世纪60年代建设猪、禽、兔外贸出口基地。国家的资金投向主要用于建设基层畜牧兽医站、家畜改良站、草原工作站、种畜场、畜牧兽医科研所等项目，促进了畜牧业生产的发展。到1978年，肉、蛋、奶的总产量均有较大幅度增长，其中肉类总产量年均递增4.8%。

第二阶段为1979～1985年。由于农村实行家庭联产承包责任制，牲畜作价到户，实行户有户养，农牧民有了生产经营的自主权，同时逐步取消了对生猪的统派购制度，放开了畜产品价格，调动了农牧民的生产积极性，使畜牧业发展呈现蓬勃发展的势头。到1985年，全国肉类、禽蛋、奶类的产量年均增长率分别为12.3%、12.6%和16.9%。

第三阶段为1986～2012年。在这一时期，畜牧业由计划经济开始走向社会主义市场经济，畜牧业生产的商品化、专业化、社会化程度不断提高，畜禽养殖不再是农户的副业，而变成了一个新兴的独立行业。在经营上产、供、销一体化。为适应形势发展的需要，国家先后启动了商品瘦肉型猪基地、菜篮子工程、牧区开发示范工程、动物保护工程和良种工程等项目，保证了改革开放以来畜牧业持续、稳定、快速的发展。到2012年，国家与地方联合投资建设的商品基地有542个，其中商品瘦肉型猪基地266个，商品牛基地72个，细毛和半细毛羊基地51个，其他基地153个。

经过50年尤其是改革开放20年的发展，我国畜牧业发生了深刻的变化，主要表现在以下几个方面。

1. 综合生产能力提高，畜产品由卖方市场转为买方市场

2014年肉类总产量是改革开放初期的7倍，禽蛋是11倍。人均占有肉类达到47.3kg，超过世界平均水平约10kg；人均占有禽蛋16.5kg，是世界平均水平的2倍，接近发达国家水平。

2. 畜禽产品结构优化，畜牧业逐步走上了一条节粮型道路

猪肉在肉类总量中的比重由1995年的69.36%下降到2015年的65%～81%，禽肉和牛羊肉比重分别从18%和11.73%上升至19.7%和13.2%。

3. 畜牧业对农业的支持作用增强，成为农村经济的支柱产业

畜牧业产值占农业总产值的比重稳步上升，2015年牧业总产值达7963.1亿元，占农业总产值26179.6亿元的30.4%，比改革开放初期增加了近15个百分点。全国从事畜牧业生产的劳动力有8000多万人；畜牧业发达地区畜牧业现金收入约占农业现金收入的一半，畜牧业纯收入约占农民纯收入的30%左右。据测算，目前畜牧业带动的相关产业的产值达4000亿元以上，吸收劳动力近1亿人。相关产业如饲料工业、皮革加工业和毛纺业等，其中，饲料工业产值1400亿，产量居世界第二；皮革加工业产值140亿，占世界份额的37%；毛纺业占世界份额的30%。这些产业带来的效益不可估量。四川、吉林、上海、北京等省、直辖市畜牧业产值超过农业总产值的60%。“九五”以来的统计数字表明，无论从生产总量上看，还是从人均产量来看，近年来全国畜禽养殖业均呈现良好的发展势头。1996年以来，我国猪、牛、羊的饲养量均呈明显的增加趋势，除牛饲养量的增加曲线相对平缓以外，猪、羊饲养量的年递增幅度较为明显。1996~2015年间全国人均粮食产量逐年递减，而人均猪牛羊肉产量呈现递增的趋势。

4. 区域化、专业化、规模化生产发展迅速

经过三个阶段的发展，畜禽养殖业已成为稳定和繁荣市场供应的主要力量，全国形成了几个大的畜牧业产业带。

①生猪产业带：主要集中在长江中下游和华北地区。2015年长江中下游地区（渝、鄂、湘、赣、苏、浙、皖）猪肉产量占全国总产量的43.8%，华北地区（冀、鲁、豫）占21.6%，东北地区由于粮食转化潜力大，正在形成养猪新区。

②肉牛肉羊产业带：主要是在以黄海、淮海平原为中心的中原肉牛带，2015年河南、山东、河北和安徽四省的肉牛产量占全国的47.2%，其次是东北三省和内蒙古东部的东北肉牛带，肉牛产量占全国的20%。

③肉羊产业带：主要在新疆和内蒙古，占全国肉羊产量的25%，河南、山东、河北、四川、江苏和安徽五省农区肉羊产量占全国的45%。

④奶牛产业带：主要集中在东北、华北和大中城市郊区。2015年黑龙江牛奶产量192.4万吨，占全国总产量的17.1%；其次是河北产量119.3万吨、内蒙古109万吨、山东90.4万吨、新疆87.8万吨、陕西69.5万吨和山西40.4万吨。

⑤家禽产业带：主要集中在东部省份，山东、广东为最大，两省2015年禽肉产量占全国的25%，江苏、吉林、辽宁、河北和安徽占33%。

禽蛋集中在长江以北，山东、河北、河南最多，2015年三省产量占全国的44%。江苏、辽宁、安徽、湖北和四川五省禽蛋产量658.2万吨，占全国总量的28%。2014年规模饲养情况是，50头以上规模猪场提供的生猪占生猪总量的20%,1000只以上规模养殖场的蛋鸡占总量的30%，1000只以上规模养殖场的肉鸡占总量的50%。

5. 畜牧业基础设施和社会化服务体系建设不断加强

商品瘦肉型猪基地县、秸秆养畜示范县等商品基地建设成效显著；草原及草原防火体系建设步伐加快；饲料工业发展迅速，初步形成了结构完整的饲料工业体系；畜牧业社会化服务体系得到进一步加强。

6. 科技进步对畜牧业经济增长的贡献进一步提高

科技进步对畜牧经济增长的贡献率已由“九五”初期的45%增加到目前的50%左右。猪、牛、羊的良种覆盖率分别达到90%、30%和55%；出栏率分别增长了7%、5%和1%；猪、禽死亡率分别下降到8%和18%。

7. 市场机制作用逐步加强，畜牧业产业化进一步发展

各地集贸市场、批发市场、零售市场快速发展，各类畜产品专业市场逐渐形成。家禽适度规模饲养已成为商品禽蛋、禽肉的主要方式，生猪和牛羊的规模饲养比重不断扩大。肉牛、生猪、绵羊、肉鸡、蛋鸡等在全国已形成相对集中的生产区域，产业化经营逐步成为畜牧业发展的重要经营方式，形成了多种模式，涌现出一批龙头企业。

8. 畜牧业法律体系进一步完善

“九五”期间，国家先后颁布实施了《动物防疫法》《饲料和饲料添加剂管理条例》，出台了一系列畜牧业法规的配套细则和管理办法，进一步健全和完善了畜牧业生产与经营的法律体系，使畜牧业管理方式逐步走向法制化管理的轨道。

总体上，畜牧业已由农村家庭副业发展成为农村经济中的支柱产业。畜牧业开始由偏重产量增长向质量和产量并重的方向转变，增强国际竞争能力和保护生态环境已逐步摆上行业发展的议事日程，我国畜牧业进入了一个新的发展时期。

二、发展趋势与面临问题

“九五”期间，我国畜牧业的综合生产能力有了很大提高，为“十五”畜牧业的进一步发展奠定了良好的基础。随着国民经济的持续增长、我国加入世界贸易组织(WTO)、西部大开发战略的逐步实施和农村经济结构的战略性调整，我国畜牧业又面临许多新的发展机遇。但畜牧业内部仍然存在基础设施薄弱、产业结构不合理、市场发育不完善等问题，严重阻碍畜牧业的健康发展。

1. 趋势与条件

（1）粮食连年丰收，饲料粮供应充足，为畜牧业发展奠定了坚实的物质基础

“十五”以来，我国粮食生产总量上升到5亿吨左右，其中饲料粮占粮食总产量的1/3左

右，满足了畜牧业发展的需求。粮食供需形势由供给不足、制约畜牧业发展，变为总量相对过剩、迫切需要通过畜牧业来转化增值的格局。根据有关部门预测，“十三五”期间我国粮食产量将保持1.5%的增速，到2016年粮食总产量将达到5.4亿吨，饲料粮比重将逐步上升35%左右，这为我国畜牧业的发展提供了良好的物质基础。2017年我国粮食从产量高达65418万吨，相较于2016年产量增加11418万吨，涨幅为17%。2018年全国粮食总产量65789万吨，尽管比2017年减少371万吨，但减幅只有0.6%，仍处于高位水平，属于丰收年景。

（2）随着收入水平的提高，畜产品市场需求仍有较大潜力

目前，世界人口平均每人每日蛋白质供给水平约为70g左右，其中动物蛋白量为25g左右，发达国家的平均蛋白质供给量和动物蛋白量分别为100g和60g，我国城乡居民的蛋白质供给总量基本接近世界平均水平，但动物蛋白仅为20g左右，与世界平均水平仍有一定差距。随着城乡居民收入的不断增长，居民生活质量将进一步提高，居民畜产品消费需求仍将呈现不断增长的趋势。

城乡居民的畜产品消费量存在巨大差距，农民畜产品消费仍有较大潜力。2014年农民家庭人均畜产品消费量（肉和禽蛋）为20.63kg，仅为城镇家庭人均畜产品购买量35.84kg的57.56%。随着农村经济的发展和农民收入水平的提高，农村居民的畜产品消费量必将出现稳定上升的趋势，占我国人口总量70%的农村居民将成为未来畜产品消费增长的主体。此外，随着我国城市化进程的进一步加快和小城镇建设的发展，全国将有更多的农村居民转入城镇，这将为未来畜产品的需求增长注入新的活力。

（3）政府支持力度增强，为畜牧业发展提供了良好的环境

相对其他产业，畜牧业具有投资少、见效快、产业链长等特点，在促进粮食转化、增加农民收入和增加农业劳力就业方面有其独到的优势和潜力。党的十五届三中全会和九届人大三次会议均着重提出了畜牧业在今后农村经济发展中的作用和重要地位，发展畜牧业已成为调整农村产业结构，稳定和发展农村经济，增加农民收入的重要措施。目前，各级政府加大了对畜牧业的支持力度，不仅出台了许多加速畜牧业发展的政策，而且加大了资金和技术的投入，为我国畜牧业未来的持续发展提供了良好的发展环境。

（4）加入 WTO 参与国际竞争，将促使畜牧业发生质的飞跃

加入WTO必然不可避免地给我国畜牧业造成一定的冲击，但更多的是带来良好的发展机遇。我国的猪牛羊肉等主要畜产品的生产和加工属于劳动密集型产业，具有一定的国际竞争优势，但目前由于贸易壁垒和质量等原因，却始终未能在国际市场上占有较大份额。欧洲一些发达国家家畜疫病大面积流行，畜牧业遭受了严重打击，这又为我国畜产品的出口提供了良好的机会。加入WTO将使我国畜产品出口机会增加、交易成本降低，价格优势

有可能进一步表现出来，但同时也对我国畜产品的质量和卫生标准提出了更高的要求。这将促使我国大力提高畜产品的卫生质量，努力加强畜禽疫病防治和畜产品的质量监管，在技术水平、质量标准、政策法规等方面与国际接轨。

（5）西部大开发将为畜牧业的发展提供广阔空间

我国西部地区土地面积大约540万平方公里，草原是西部地区最大的土地类型，约有草地243万平方公里，占全国草地总面积的61%，占西部地区国土总面积的45.5%，草地资源比较丰富，牧业在国民经济中占有较大比重。同时，西部地区也是我国少数民族的主要聚居区，草地畜牧业是他们赖以生存的基础产业。西部大开发战略的实施，对我国畜牧业的发展将产生两方面的影响：一是随着大量资金、技术和人才的进入，我国西部地区经济将出现快速增长的趋势，广大居民的收入水平将大幅度提高，进而对全国畜产品消费产生巨大的拉动作用；二是立足于西部地区的资源优势，通过大规模退耕还林、还草和治沙，既可使西部地区草原生产力得到提高，羊毛和奶类生产加快，又可大大改善草原生态环境，这将对全国畜牧业的持续发展和生态环境的改善产生积极的影响。

2. 面临的问题

（1）畜牧业占农业总产值的比重仍然偏低，而经济发达国家畜牧业都非常发达

英国在20世纪80年代，畜牧业产值占农业总产值的比重就超过了50%，荷兰接近70%，瑞典达到80%，而我国畜牧业产值的比重目前只有30%左右。

（2）产业结构不尽合理，畜产品加工业滞后

我国耕地资源稀缺，但耗粮高的猪肉占肉类总产量的比重却仍高达65.8%，远高于世界平均38.8%的水平；草食家畜特别是牛肉的比重仅占7.8%，远低于世界平均水平26.3%；肉、蛋、奶的产量比例为100∶37∶15，奶类产量明显偏低。

畜产品质量不高，名、优、特产品数量不足。瘦肉型猪所占的比重虽然有所提高，但总量仍然难以满足广大消费者的需求；优质禽肉特别是一些具有独特风味的地方性产品供不应求，高档牛肉产品所占比重偏小；羊毛产品中粗毛所占比重较大，用于纺织的优质细毛大部分需从国外进口。

畜产品加工与发达国家存在巨大差距。发达国家畜产品加工量占畜产品生产总量的比重高达60%～70%，而我国的加工比重极低，其中肉类加工比重不到5%，且加工技术较落后，企业规模较小。在畜产品加工方面，还存在加工深度不够、花色品种较少和优质高档品种比重低等问题。畜牧业生产与加工发展失衡，畜产品加工严重滞后。

（3）良种繁育体系不健全

我国目前的良种繁育体系不适应畜牧业经济发展的需求。一是种畜禽场结构不合理。全国7117个种畜禽场中，原种（曾祖代）场不足2%，种畜禽退化比较严重，选育不力，严重影响了种畜生产和种畜质量。二是种畜禽场规模小，经营效益低。在全国2959个种猪场中，平均存栏母猪230头；而饲养200头以下的种猪场，基本处于亏损状态。三是基础设施简陋。由于不少种畜禽场建场时间早，基础设施超期使用，大部分种畜禽场畜舍、饲养设备破损严重。四是畜种资源保护不力，丢失严重，不利于新品种的选育与开发。

（4）兽医工作基础薄弱，重大疫情时有发生

随着畜牧业生产方式的转变，畜牧业集约化、规模化、专业化水平不断提高，动物疫病已成为制约畜牧业发展的重大障碍。目前，我国的兽医工作普遍存在预测预报体系不健全、设备简陋、技术落后和疫病扑灭无足够物质保障等问题，每年由于动物疫病造成的直接经济损失高达26亿元～300亿元。各类药物、化学物质、激素残留和污染对畜产品卫生质量的危害也日益加重，影响了畜产品需求的进一步增长。由于畜禽疫病、药物残留和卫生质量等问题的困扰，畜产品出口中压级、压价和退货现象时有发生，一些国家还以此为由，对我国封闭市场。兽医工作基础薄弱的状况与未来畜牧业发展以及维护人民身体健康的要求极不适应，必须引起高度重视。

（5）市场发育不完善

信息渠道不畅在畜产品买方市场的形势下，市场体系不健全，市场发育不完善，宏观调控不力等问题，已成为制约畜牧业发展的障碍。一些地方市场秩序混乱、交易行为不规范、损害消费者利益的行为时有发生，如个别地区为了各自利益封锁市场、有些部门也利用各种借口搞市场分割等，严重破坏了产品在全国范围内的有序流动。市场信息传输渠道不畅，信息反馈严重滞后，产品需求信息不能及时反馈到生产者手中，致使供需结构不平衡，地区结构不平衡，供给过剩与需求短缺同时存在，阻碍了生产的正常发展。

（6）草地资源退化严重及其环境恶化，长期困扰着我国畜牧业的持续发展

一是人为破坏严重。一些地方大面积非法开垦草地。20世纪50年代以来，全国有近1300万公顷优良草地被开垦，有相当部分现已撂荒，加速了草地沙化和水土流失，草原涵养水源、保持水土的能力大为减弱。二是草场超载过牧严重，草地生产率低下。三是自然灾害频繁。受全球气候变暖的影响，草原旱灾、火灾等日趋严重，为保护生态环境增加了难度。近几年，草地沙尘暴频繁发生，西沙东进，北沙南侵，掩埋农田，毁坏交通与通讯设施。同时，草地鼠虫害日益严重，发生次数不断增多，程度不断加深，草地鼠虫害每年危害草地面积达200万公顷。四是投入严重不足，基础设施建设薄弱，草地生产力低，灾害抵御能力差，根本不能抑制草原急速退化的趋势，局势仍然是局部改善，总体恶化。

三、供需分析与战略目标

1. 主要畜产品需求预测

我国畜产品消费主要受宏观经济形势、居民收入水平变化、人口增长与城市化水平提高等因素的影响。近几年，由于国民经济结构性调整和国际贸易环境变化的影响，国内生产总值(GDP)只有7%左右的增长速度。但随着经济结构的调整到位、国有企业改革脱困目标的实现以及东南亚诸国经济逐步复苏，我国经济发展速度呈现出比较稳定的态势，GDP年均递增率可望保持在6%～8%，城市居民的人均收入将以6%的速度增长，农村人均收入将以4%的速度增长。

畜产品出口方面，全球经济一体化和我国加入WTO虽然为我国畜产品的出口提供了一定的机会，但由于畜产品质量与卫生安全标准等在短期内难以实质的改观，在未来5年内，畜产品将主要以国内消费市场为主，出口数量有限。通过“十二五”时期畜牧业基础设施建设与卫生质量安全标准的提高，我国畜产品质量也将会有较大幅度的提高，这将为畜产品的出口创造有利条件，届时畜产品将成为农产品出口中的主要产品。总体来说，我国畜产品将以国内消费市场为主，畜产品出口量在畜产品生产总量中的比重将会有所上升。虽然如此，面对国内城市畜产品市场相对饱和和农民收入增长缓慢的严峻现实，我国也应积极创造条件，大力提高产品质量，努力开拓国际市场，稳步提高我国畜产品在国际贸易中的市场份额，为我国畜牧业的持续增长和农民收入的提高提供新的动力。根据以上因素分析，预计2019年全国肉、蛋、奶总需求量分别达到6950万吨、2393万吨和1330万吨，其中猪肉、牛羊肉和禽肉总需求量分别达到4526万吨、976万吨和1383万吨。

2. 主要畜产品产量预测

20世纪90年代以来，我国肉、蛋、奶产量持续高速增长，肉类产品的平均增长率为9%，禽蛋增长率为12.5%，奶类增长率为13%。“十二五”以来，特别是“十二五”末期，各类畜产品的增长幅度有所减缓，肉类增长速度下降为4%左右，禽蛋下降为6%左右，但奶类却快速上升，增长率达到8%～9%。综合考虑畜禽生产能力、饲料供应、畜牧业科技进步等因素，今后我国肉、蛋生产能力进一步提高并不困难，但由于受消费需求因素的制约，肉类及禽蛋的增长幅度将呈稳中有降的态势：羊毛生产重点进行结构调整，提高优质毛比重，总量保持小幅增长；奶类随着居民生活水平的提高、营养知识的普及和政府对奶类消费支持力度的加大，消费需求将出现加速增长的趋势，由此拉动奶类生产进一步高速增长，有可能出现超常规增长的趋势。未来15年内，我国肉蛋产品将长期保持需求略大于供给的格局。

3. 指导思想与战略目标

根据国民经济和农村经济发展需要，着眼加强农业建设和增加农民收入，大力推进农村经济结构调整，以市场为导向，以效益为核心，依靠科技进步，加快畜牧业结构优化和产业化经营步伐，加强疫病防治和药残监控，注重产品质量，高度重视饲料安全、食品安全和草原生态安全，努力提高行业整体素质，大力提高畜牧业在农业中的比重，加快畜牧业现代化进程，尽快使畜牧业发展成农村经济中的现代化产业，实现畜牧业的可持续发展。到2020年，建立比较完善的良种繁育、疫病控制、饲料生产体系和比较完整的畜产品市场销售网络，畜产品加工业快速发展，草原生态环境恶化的势头有所扭转；主要畜产品生产能力稳步提高，产品质量明显改善，加工品比重大幅度上升，品种更加丰富多样，畜牧业收入在农民收入中的比重明显增加，畜牧业产值占农业总产值的比重达到33%。到2025年，畜牧业支撑保护体系更加完善，组织化和产业化程度明显提高，畜产品市场销售网络进一步完善和规范，整体科技水平和综合生产能力显著增强，草地生态建设初见成效，畜牧业生产结构更趋合理，畜产品能更好地满足城乡居民生活改善的需要，动物蛋白人均占有量基本达到中等发达国家水平，畜牧业产值占农业总产值的比重达到40%，畜牧业现代化建设迈上一个新台阶，成为国民经济中的一大独立产业。

DI-SAN ZHANG
GUIMOHUA CHUQIN YANGZHI
WURANWU TEZHENG

第三章
规模化畜禽养殖污染物特征

一、畜禽养殖污染物基本概念

畜禽养殖污染是指在畜禽养殖过程中，畜禽养殖场排放的废渣，清洗畜禽体和饲养场地、器具产生的污水及恶臭等对环境造成的危害和破坏。

规模化畜禽养殖场指进行规模化经营的畜禽养殖场。规模化养殖是指在较小的场地内，投入较多的生产资料，采用新的工艺技术措施，进行精心管理的饲养方式。

规模化畜禽养殖区指距居民区一定距离，经过行政区划确定的多个畜禽养殖个体生产集中的区域。

畜禽养殖废渣指养殖场外排的畜禽粪便、畜禽舍垫料、废饲料及散落的毛羽等固体废物。

畜禽养殖废水主要指畜禽养殖过程中冲洗粪便的废水、各类畜禽尿液排泄物及其他生产过程中造成的废水。

恶臭物质指一切刺激嗅觉器官，引起人们不愉快及损害生活环境的气体物质。

二、畜禽养殖污染物的特性

1. 资源性

（1）肥料资源

畜禽粪便同许多工业污染源不同，其中含有丰富的肥源。畜禽粪便除含有丰富的有机物质外，还含有作物所需的大量元素如氮、磷、钾等，施用到农田后，对于提高土壤肥力，改善土壤结构，增强土壤持续生产能力具有重要的作用。以1995年为例，全年畜禽粪便的氮、磷量分别为1597万吨和363万吨，同期我国化肥施用量折纯量分别为2021.9万吨和634.2万吨，畜禽粪便中的氮、磷含量相当于我国同期施用化肥量的78.9%和57.2%，可见畜禽粪便是我国农业生产中的宝贵肥料资源。

由于我国在过去相当长的一段时期内都是沿袭传统的农业生产方式，因此，畜禽粪尿一直是农户钟爱的优质肥料，他们或将畜禽粪便直接施于农田，或将其简单堆沤后施于农田，这些方法不需要大的投资，简便易行，基本不存在畜禽粪便流失和污染的问题。近年来，由于养殖业规模化水平的提高和化学肥料的广泛使用，畜禽粪便回用农田这一优良传统逐渐被人们遗弃，这样不仅造成越来越突出的环境污染问题，而且由于化肥的不合理施用，造成土壤有机质含量下降，土壤结构遭到破坏，产品质量下降，生产成本逐年提高。畜禽粪便经干燥或发酵、防霉、除臭杀菌，可加工成优质、高效的有机复合肥料，这种有机肥与化学肥料相比，具有营养全面、肥效长、易于被作物吸收等特点，对提高作物产量和品质，防病抗逆、改良土壤具有明显功效。

（2）饲料资源

畜禽粪便中的粗蛋白含量几乎比畜禽采食饲料中的粗蛋白含量高50%，畜禽粪便中8%～10%为氨基酸，共有17种。此外，还含有粗脂肪、磷、钙、镁、钠、铁、铜、锰、锌等多种营养物质。早在1922年，麦克卢姆(Mclullum)就提出了以动物粪便为饲料营养成分的观点。随后，麦克罗伊（Mcelroy）、戈斯（Goss）、哈蒙德（Hamvond）、博茨泰特（Botstedt）等人就粪便饲料化问题又陆续进行了深入细致的研究，一致认为畜禽粪便中所含有的氮素、矿物质、纤维素等能够取代饲料中的某些营养成分。1967年9月，美国食品卫生管理部门认为粪便饲料化存在卫生安全隐患，并发布了限制畜禽粪便做饲料的规定，使粪便饲料化一度陷入低谷。20世纪70年代以来，随着畜牧业和化肥工业的发展，全球性粮食、能源危机的出现，畜禽粪便的饲料化问题再次受到重视。

由于鸡的肠道较短，对饲料的消化吸收能力差，饲料中约有70%的营养成分未被消化吸收而排出体外，鸡粪中的粗蛋白质含量占鸡粪干物质的25%，相当于豆饼的57%～66%，而且氨基酸的种类齐全，并含有丰富的矿物质和微量元素，因此，经过特殊加工处理，鸡粪可以成为优质高效的饲料资源。

烘干鸡粪中粗蛋白的含量较大豆、豆饼低，但比玉米、高粱和麦麸高，比粗饲料豆秸粉要高得多；粗脂肪含量明显低于大豆，而与豆饼、玉米、麦麸、高粱基本相当，显著高于豆秸粉；钙含量明显高于所列的其他常用饲料：磷含量与麦麸相当，显著高于其他几种饲料；水分低于所列几种饲料，粗灰分含量则高出其他饲料8倍左右。烘干处理鸡粪的步骤简单，操作方便，原料来源广泛，处理成本低，而且烘干鸡粪所含营养成分丰富，完全可以替代部分精、粗饲料和钙、磷等添加剂，可较大程度地降低饲料成本，提高经济效益，促进养殖业的发展。

（3）燃料资源

将畜禽粪便同秸秆等农业废弃物一起进行厌氧发酵产生沼气，不仅解决了畜禽养殖粪便污染问题，同时还能够为农户提供清洁安全的能源，解决我国广大农村燃料短缺和大量焚烧秸秆的矛盾，可谓一举两得。如果以每只鸡日排粪便中含总固体22.5g计，可产沼气8.7L，一个10万只规模的养鸡场，收集其鸡粪进行厌氧发酵，每年产的沼气作为燃料可相当于232t的标准燃煤(每头猪每天排泄的粪便可产沼气量约150L~200L;每头牛每天排泄的粪便可产沼气量约700L~1200L),据《日本农业新闻》报道,日本岩手县葛卷町在2003年4月设置利用牛粪尿为原料发电的实验设备。这一发电设备建在畜产基地内,建设费用约为2.2亿日元。该设备计划利用20头牛的粪尿发电,发电成功后将正式投入使用并在町内普及这种设备。葛卷町还计划将这种设备和燃料电池配合使用。众所周知,燃料电池的原理是让氢与水发生化学反应释放电能。牛粪尿发酵后可产生沼气,从沼气中提取的氢气就可为燃料电池所用。该町和日本东北大学以及一些企业组成的研究小组从2015年开始试验这种发电方法,由于和燃料电池相配合,发电效率大大提高。据介绍,葛卷町目前共有300家奶牛专业户散居在435平方公里内,饲养奶牛达1万头,大量的牛粪尿不仅污染空气,而且占据了大片土地。用牛粪尿发电既提供了能源,又保护了环境,可谓一举两得。

2. 污染性

饲养1只鸡、1头猪、1头牛每年所产生的污染负荷(按BOD_5计算),其人口当量分别约为0.5~0.7人、10~13人、30~35人。1个万头猪场的污染负荷几乎相当于一个10万~13万人口的城镇。据不完全估算,每年全国猪、牛、家禽(按鸡计)所产生的粪尿和废水的污染负荷大,其人口当量约为全国总人口的5~6倍。

表3-1 规模化养殖场的污染物负荷估算

项目	养猪场		养鸡场		养牛场	
	200头	500头	2000只	1万只	40头	100头
废水中COD_{cr}(kg/L)	10.5	10.5	11.0	11.0	4.2	4.2
每日固体废物产生量/t	0.36	0.9	0.125	0.6	0.4	1.0
每日废水负荷量/t	3.0	7.5	1.2	6.0	6.8	17.0
每日废水COD_{cr}负荷量/kg	31.5	78.8	13.2	66.0	28.6	71.4

畜禽养殖污染物的污染成分极为复杂(见表3-2),主要包括氮、磷等水体富营养化物质;氨气、硫化氢、甲烷、甲醇、甲胺、二甲基硫醚等恶臭气体;铁、锌、锰、钴、碘等矿物元素;铜、砷、汞、硒等重金属物质;抗生素、抗氧化剂、激素等兽药残留物;大肠杆菌、炭疽、禽流感、五号病、布氏杆菌病、结核病等人畜共患传染病病菌。此外,还包括畜禽尸体、死胚、蛋壳等固体废弃物,焚烧疫病畜禽尸体所散布出来的烟尘等。

表 3-2 污染物成分估算表

指标	单位	猪场	牛场	生活污水
pH		7.5 ~ 8.1	7.2	8.1
SS	mg/L	1500 ~ 12000	19000 ~ 60000	211.8
透明度	cm	0.7 ~ 1.0(1 ∶ 10)	2.0 ~ 2.5(1 ∶ 5)	—
BOD_5	mg/L	2000 ~ 6000	3000 ~ 8000	66.7
COD_{cr}	mg/L	5000 ~ 10000	6000 ~ 25000	320.1
氯化物	mg/L	100 ~ 150	—	37.1
氨氮	mg/L	100 ~ 600	300 ~ 1400	—
亚硝酸盐	mg/L	0	0	—
硝酸盐	mg/L	1.0 ~ 2.0	—	—
细菌总数	个/升	$1 \times 10^5 \sim 1 \times 10^7$	1×10^7	1.6×10^6
蛔虫卵数	个/升	5.0 ~ 7.0	10 ~ 20	—

畜禽养殖业污染物成分复杂、污染负荷大，治理难度大，主要表现在以下几个方面：

畜禽养殖业排水量大，废水温度低；冲洗栏舍的时间相对集中，冲击负荷大；废水固液混杂，有机质浓度较高；畜禽养殖业属于微利行业，受到自然与市场的双重风险而不可能投入很多资金用于处理废水。

从技术上考虑，由于含水率高，污染物采用施肥方式回用农田时运输、储放、施用都十分不便，又由于COD_{cr}、BOD_5、SS含量高，采用接触氧化、生化曝气等城市生活污水的处理方法也十分困难。从经济上考虑，养殖业是一种微利产业，不可能拿出大量钱来处理受益很小的粪尿污水。

三、畜禽养殖业污染特点

畜禽养殖环境问题从中石器时代人类开始驯养动物的第一天就已经出现，然而真正意义上的畜禽养殖业污染却是在一定社会经济条件下、畜牧业发展到一定历史阶段的产物。我国的原始养殖业开始于距今1万年前后的中石器时代，由于当时地广人稀、养殖规模小，所产生的畜禽粪便基本都能够被环境所容纳，而且千百年来人畜粪便一直是农业生产者最直接的肥料资源，因此，即使有环境卫生问题，也是局部小范围的。战国时期《荀子·富国篇》

中指出:“多粪肥田,是农夫众庶之事”;《韩非子·解老》中的“积力于田畴,必且粪溉”;西汉《氾胜之书》中提出:“凡耕之本,在于趣时和土,务粪泽,早锄早获。”可见,数千年来,我们的祖先一直是畜禽废弃物综合利用的典范。

畜禽养殖环境污染演化成严重的社会问题并逐渐受到人们的广泛关注,却是近一个世纪以内的事情。随着世界人口的爆炸式增长、对畜禽产品的需求成倍增加,畜禽繁育和饲养科技的进步,导致了畜禽养殖业经营方式的转变,主要表现在以下三个方面。

第一,畜禽养殖业经营方式由农户分散饲养向规模化养殖场转变。过去的畜牧业多为分散经营,或者在农村中仅仅作为一种副业生产,家畜家禽数量少,粪便等废弃物可及时就地处理,恶臭气体可迅速自然扩散,对环境的压力较小。随着畜牧业的发展,畜禽养殖业的商品化,专业化和社会化程度不断提高,饲养规模越来越大,单位面积土地的载畜量越来越高,使当地环境所承受的污染负荷越来越大。

第二,畜禽场由农村、牧区向城郊转移。长期以来,世界各国的传统畜牧业对种植业有着极大的依赖性,畜禽养殖所需的土地、水源、饲料、饲草、劳动力等都直接来源于当地,畜禽养殖业所产生的废弃物作为种植业的生产资料被就地消化,基本不会产生污染问题。随着城市化进程的加快,城市人口的迅速膨胀和高度集中,对畜禽产品的需求极度增长,为便于运输、加工和销售,畜禽养殖场多设在城市近郊,使农牧脱节,导致养殖废弃物局部集中,找不到出路,产生污染。

第三,传统的有机肥料逐渐被化学肥料所取代。随着化学工业的发展,化学肥料的生产量越来越大,价格越来越低,在肥效、运输、储存、使用等方面都具有有机肥不可比拟的优势。与此相反,畜禽粪便体积大、肥效慢,运输、储存、使用不便,如果要加工处理成商品有机复混肥,往往价格偏高。由于以上因素的制约,畜禽粪便由资源变成废物,形成公害。因此,畜禽养殖污染是特定社会经济发展阶段的产物,归根到底是人为造成的。

把畜禽养殖环境污染作为一个社会问题提出来,是20世纪中后期的事情。随着世界人口的迅速增长、畜禽繁育和饲养科技的进步,规模化养殖在欧美、日本等发达国家得以飞速发展,养殖规模越来越大,由此产生的畜禽废弃物污染问题越来越突出。日本由于人口稠密,于20世纪60年代发生了严重的“畜产公害”,这也是首次把畜禽污染作为一个社会公害问题提出来。欧洲的荷兰南部、比利时、德国西部的下萨克森州、丹麦、法国的布列塔尼地区等畜禽养殖业发达的城市也都曾为畜禽粪尿与废水造成的严重环境危害而困扰。

虽然我国规模化畜禽养殖业起步较晚,但发展势头十分迅猛,在很短时间内已达到相当的规模,并呈高速发展趋势,畜禽养殖场排放的大量而集中的粪便与废水已成为许多城市及农村的新兴污染源。我国现代化的畜牧生产是伴随着解决城市居民肉、奶、蛋供应问题而提出和发展起来的,在建设现代化养殖场时,忽略了西方国家脱离农村在城市兴办大型现代化畜牧场的经验教训。因此,大型现代化养殖场多数建在城郊,场址多选择在取水方便、水量充足的地上或地下水系沿线,和交通方便的公路沿线。虽然满足了养殖场对水的大量需要，但却容易造成水源污染。在公路沿线建场，虽然免去了修建公路的投资，方便了原料和产品的进出，却使疫病流行的机会加大了，同时离市区较近，对城市环境和城市居民健康构成威胁。规模较大，数量较多，有些无粪污处理设备，疏忽了对粪污的管理和处理，加上资金的不足，缺乏相应技术等，致使这些养殖场成为大、中城市的污染源。在农村，养殖场（户）环保意识淡漠，粪便随意堆放、污水肆意流淌的现象比较普遍。此外人们科学利用粪便的意识和技术不足，粪便主要被作为肥料，也有把粪便作为饲料的养殖场（户），但对粪便无害化处理不足，易引发畜禽疫病。

随着规模化养殖业的迅速发展，大量畜禽粪便直接排放入农业生态系统，引起生态环境的极度恶化，畜禽粪便的污染也成为破坏农业环境的主要原因之一。如何有效的处理和处置畜禽粪便，使其无害化、减量化、资源化也成为摆在我们面前的主要问题。我国过去的农区养殖业以农家畜牧养殖为主，畜禽粪便的处理方式主要是回用农田，在草原上则直接燃烧获得能源。目前规模化的商品养殖生产占主要地位，大中型养殖场主要分布在人口密集的沿海一带。这些规模化养殖场，大多是水冲式清除畜禽粪便，产生了大量的固体废弃物和有机废水。一般畜禽养殖场处理畜禽粪便时都要先进行固液分离，然后再单独对固体废弃物和有机废水进行处理。这样，规模化养殖场畜禽粪便的处理就包括了畜禽粪便处理和有机废水的处理两个方面。禽畜养殖业污染与工业污染存在较大的差异，近年来畜禽养殖业污染呈现以下特点。

第一，禽畜养殖业从分散的农户养殖转向规模化、工厂化的养殖，不仅禽畜粪便污染量大幅度地增加，而且在各地出现了许多类似于工厂企业污染的新的大型的“污染源”。

第二，禽畜养殖业从牧区、农区向城市、城镇周边大量转移，从人口稀少的偏远农村向人口稠密的城郊地区逐渐集中，禽畜粪便的污染越来越加大了对城市、城镇环境的压力。

第三，禽畜养殖业经营方式日益趋向于多样化，公司加农户的新的经营模式正在被越来越多的地方采纳，禽畜粪便污染在许多地区以“面源”的形式出现，污染呈现了“面上开花”的现象。

第四，禽畜养殖业规模化的程度越来越高，专业化特征越来越明显，最终导致了养殖业与种植业的日益分离。从事养殖的不种地，粪便不能当作肥料；种地的不再从事养殖，农田靠施化肥，畜禽粪便用作农田肥料比重大幅度下降。畜禽粪便被乱堆乱排的现象越来越普遍，加重了对环境的压力。

第五，在部分地区，畜禽养殖业正逐渐成为当地水体的最大污染源。研究规模化畜禽养殖污染物已成为面源污染的主要来源，并趋于超过农业化肥、工业废水、生活污水等污染来源。

DI-SI ZHANG
GUIMOHUA CHUQIN YANGZHIYE
HUANJING WURAN FENGXIAN

第四章
规模化畜禽养殖业环境污染风险

一、污染来源及其主要影响

畜禽养殖产生的污染物包括固体废物（粪便、病死畜禽尸体、垫料等），水污染物（尿液、冲洗水等污水）和大气污染物（氨气、硫化氢、甲基硫醇等恶臭气体）等，其中粪便和养殖污水是主要污染物，具有产生量大、来源复杂等特点，其产生量、性质与畜禽养殖种类、养殖方式、养殖规模、生产工艺、饲养管理水平、气候条件等有关。

畜禽养殖产生的环境危害主要是对水体、大气、土壤以及人体健康、生态系统、畜牧业发展所造成的直接或间接的环境影响。

1. 对水体的影响

畜禽粪污一般通过两种途径进入水体，一是在饲养过程中直接排放进入水环境；二是在堆放贮存过程中因降雨或其他原因进入水体。当进入水体中的粪污总量超过水体能够自然净化的能力时，就会改变水体的物理、化学性质和生物群落组成，使水质变坏，严重时使水体发黑、变臭，失去使用价值且极难治理恢复，造成持久性的污染。

畜禽粪污长期堆置或排放到附近的水沟、洼地，污染了水体，还有一部分污染物经地表径流和土壤渗滤进入地表水体、地下水层，过多的氮、磷使得水生生物特别是藻类大量繁殖，消耗水中的溶解氧，造成水体富营养化，给人畜健康造成危害。

2. 对土壤的影响

随着畜牧业的发展，畜禽污染物大量增加，特别是固体类的畜禽污染物。对于养殖户，由于养殖规模较小，一般畜禽粪污作为有机肥料施入农田来消化，不会产生严重的环境污染。但是对于比重不断增大的规模养殖场情况完全不同。由于粪污产生量大，过于集中，且没有相应的配套耕地消纳。未经处理的粪污堆积和排放，占据了土地资源，粪污中的污染物在土壤中积累，可导致土壤孔隙堵塞，造成土壤透气、透水性下降及板结，使土壤的生产力明显降低，给土壤环境造成威胁；并可使作物徒长、倒伏、晚熟或不熟，造成减产，甚至毒害作物使之腐烂。

随着饲料工业的发展，一些金属类药物和添加剂被广泛应用，这些金属制剂经畜禽消化道后随着粪污一起排到外界环境中，施入土壤后造成土壤环境中的重金属元素明显增加，对生物和农作物产生毒害作用，使土壤失去价值。

此外，畜禽粪污中含有大量的氮、磷，它们进入土壤后，在土壤理化性质和微生物的作用下转化为硝酸盐和磷酸盐，过高的硝酸盐和磷酸盐同样会降低土壤的生产力，对农作物产生毒害作用。

3. 对大气环境的影响

养殖场产生的恶臭气体中含有大量的氨、硫化物、甲烷等有毒、有害成分，会影响周围的空气质量。据研究，奶牛、猪和蛋鸡饲料中70%的氨被排泄出来，肉鸡饲料中50%的氨变成了粪便。在高温下，这些粪便发酵以及含硫蛋白分解会产生大量氨气和硫化氢等臭味气体，造成空气中含氧量相对下降，污浊度升高，降低空气质量。不仅如此，一些国家研究表明畜禽养殖业排放的氨气是导致酸雨的主要因素。

氨、甲基硫醇、硫化氢等恶臭物质在畜禽粪尿中的含量很高，会危害周围居民身体健康，并且影响畜禽的正常生长。如氨具有刺激性气味，易溶于水，在畜禽舍中常被溶解或吸附在潮湿的地面、墙壁上，对人体视网膜刺激性大，易引起视网膜充血、支气管炎等；硫化氢是一种无色、易挥发，刺激作用很强的气体，易引起眼结膜炎、鼻炎等。

畜牧业生产过程中还会排放造成全球气温升高的温室效应气体，如甲烷、氧化亚氮等。根据《中华人民共和国气候变化初始国家信息通报》，1994年中国温室气体的总排放量为36.5亿吨二氧化碳当量，其中动物粪便排放的氧化亚氮15.5万吨，占农业氧化亚氮排放量的19.69%，所以动物粪便已成为农业温室气体重要的排放源。

4. 对人体健康和畜牧业发展的影响

畜禽粪污中含有大量的病原微生物、寄生虫卵以及滋生的蚊蝇，会使环境中病原种类增加、菌量增多，出现病原菌和寄生虫的大量繁殖，导致传染病和寄生虫病的蔓延。在这种环境中仔猪（鸡）成活率低、育肥猪增重慢、料肉（蛋）比增高，阻碍了畜禽养殖业的发展。尤其是人畜共患病时，会发生疫情，给人畜带来严重危害。畜禽粪污污染地下水也会对人体健康造成危害，畜禽粪污使得饮用水源（无论是地表水还是地下水）状况恶化。另外，处理不当的畜禽养殖粪污还会造成农产品微生物、重金属等污染，威胁食品安全，影响人体健康。

二、畜禽养殖业污染原因探讨

1. 农牧业严重分离脱节

农牧严重分离脱节，导致规模化畜禽养殖场周边没有足够的耕地消纳畜禽养殖产生的粪便，国家环保总局2015年的调查显示，全国绝大多数养殖场单位标准畜禽占有的配套耕地没有达到1亩（666.67m^2）的基本要求，占有耕地最少的尚不足0.3亩（200m^2）。据报载，全国现有年出栏500头以上的规模化养猪场占总出栏量的7.7%，年存栏2000只肉鸡和蛋鸡场分别占饲养量的48%和44%，但绝大部分的规模化畜禽场建设没有配套耕地消纳其产生的粪便，单向运作的养殖业，加上没有配套相应的治污接口技术，则难以形成具有多环节链接和实现粪便—沼气—肥料综合效应的良性循环，无法有效吸纳与降解废污排放，实现变废为利的目标。

2. 饲养基地布局不尽合理

目前，我国畜禽饲养呈现规模化集中饲养与小规模分散家庭饲养并存的局面。大中型畜禽饲养场的饲养情况是，奶牛饲养以集中饲养为主，而生猪和家禽饲养以小规模分散家庭饲养为主，而且大中型饲养场平均规模也偏小。小规模的分散饲养对于污染治理极为不利，一般来说，小型或家庭饲养场限于条件，不可能建立污染处理设施进行粪便处理，大多数污染物均直接或间接地冲刷入地表水环境。而大中型饲养场布局时多从生产、销售、运输等经济利益的角度出发，而较少考虑其对周围生态环境的影响。

3. 养殖场规划及管理不科学

2015年，国家环境保护总局组织完成了全国23个省（自治区、直辖市）规模化畜禽养殖污染情况调查。调查发现，一些养殖场由于多种原因建在城区上风向或靠近居民区，有1476个畜禽养殖场距离民用取水点的距离在50m以内，占调查总数的4.3%，大约占我国规模化畜禽养殖场总数的8%～10%；有5834个规模化畜禽场距离周边居民区或民用水源地不超过150m，大约占我国规模化畜禽养殖场总数的25%～40%；90%的规模化畜禽养殖场建设或投产前未经过环境影响评价和审批。大多数养殖场对废水处理设施管理较差，既不了解处理工艺和处理能力，也没有任何技术资料，因清粪不及时造成设施不能有效使用的现象比较普遍。另外，环境管理部门尚未对养殖场的设施运行进行监督管理，也是造成处理设施处于闲置状态的原因之一。

4. 饲料利用率不高

近年来，我国畜牧生产虽然有了迅速发展，科技含量有了很大提高，但比发达国家仍有不少差距。世界先进水平的肉猪的料肉比为2.4∶1，我国目前只有少数达到3.5∶1；肉鸡的料重比世界先进水平为1.6∶1，我国只有(2∶1)～(2.2∶1)；蛋鸡的料蛋比世界先进水平为2.4∶1，我国是(2.6∶1)～(3∶1)。由此可知，我国畜禽饲养过程中大量的饲料未经消化吸收排出体外，既浪费了资源又污染了环境。

5. 对饲料中微量有毒物质对环境的污染重视不够

畜牧业引起公害主要是动物粪尿对环境的污染和饲料中有毒有害物质在畜产品中的残留。通常动物饲养者和饲料生产者以最大限度地发挥动物的生产性能为追求目标，往往在配合饲料生产中添加一些能促进畜禽生长但却可能对环境和人体健康造成伤害的物质，这些有毒物质在畜禽体内的富集和对营养物质的消化率重视不够，会造成严重后果。一是由于饲料中的微量有毒有害物质通过食物链的逐级累加富集，增强了其毒性和危害，一方面向环境排出，对一定区域环境造成污染，另一方面在畜产品中残留，危害人体健康，形成公害；二是由于氮、磷、铜、锌及药物添加剂等物质排出后，在一定区域内因不能及时被植物转化，通过日积月累的营养富集，造成表层土层和地下水质恶化，影响人类生存的环境，又因为消化不完全营养物质的发酵恶化空气，影响人们生活的环境。

6. 畜禽粪污资源化利用率低下

目前普遍采用的畜禽粪便处理利用方式主要有：禽粪干燥法、发酵法、畜粪尿沤制产沼法和堆制还田法等，上述方法尽管利用了部分粪尿，不同程度地减轻了养殖业污染，但难以从根本上实现禽畜粪尿的无害化和资源化。最根本的原因是目前的综合利用或污染治理不能为养殖场带来直接的附加效益，养殖户治污无动力。

在广大农村，有机肥越来越多地被化肥所取代，畜禽粪便的利用率越来越低。一方面，随着农村经济发展和产业结构的调整，从事农业特别是传统种植业的人口大量减少，并主要是年老体弱者和妇女。另一方面，在比较利益的驱动下，农村劳动力投向耕地的数量也明显减少，也缺乏有力机构将农民组织起来施用畜牧场的畜禽粪便。这样，在很大程度上改变了传统的种植业生产方式，农民主要施用方便干净的化肥，单位耕地上有机肥的施用量大幅度减少，详情见表4-1。

表4-1 20世纪40～90年代化肥与有机肥使用量及其变化（以纯养分计算）

年代/代表年	化肥		有机肥	
	使用量/万吨	占比重/%	使用量/万吨	占比重/%
40/1949	1.3	0.3	478.9	9.7
70/1976	628.2	31.3	1381.3	68.7
80/1987	2008.2	44.6	2494.7	55.4
90/1994	3318.0	45.6	3857.0	54.4

7. 缺少必要的环境治理和综合利用设施

绝大多数的养殖场粪便处理设施属于简易晾粪、堆肥场。粪便在露天堆放下自然发酵，多数没有防渗、防淋湿措施。大多数养殖场的废水处理设施（无论是氧化塘还是沉淀池）其设施容量设计远远无法满足处理所产生废水的需要，致使设施处理效果很差，许多因粪便堵塞而停用，不得不在设施边角另外挖一条粪沟将废水直接排放。具有专业设计的养殖场废水综合处理设施很少，绝大多数废水处理设施仅是简单的二级或三级过滤沉淀池，对NH_3-N等污染物质的处理能力较低。国家环保总局2015年的调查显示，全国80%的规模化养殖场缺乏必要的污染治理设施，60%的养殖场缺少干湿分离这一最为必要的粪污处理设施。汪莉等2014年对川渝地区各大小猪场的调查结果显示：猪场水体任意流放于水体占14%、直接流入农田占42%、加以简单处理后再放流的占44%；猪场有较好的贮存设施占23%、无贮存设施占16.4%、有较小的贮存设施占60.6%。

三、粪污处理基本思路

近年来，畜禽养殖业发展迅速，已经成为农村经济最具活力的增长点，对保障消费者“菜篮子”供给、促进农民增收致富、活跃农村经济发挥了重要作用。但是，由于畜禽养殖业更多的是自发、单纯地面向市场需求发展，导致畜禽养殖业布局不合理，种养脱节，加之畜禽养殖污染治理和综合利用设施不到位，大量畜禽粪污得不到有效处理并进入循环利用环节，导致畜禽养殖污染日益严重。为妥善处理养殖污染与环境保护之间的关系，国家越来越重视畜禽养殖污染治理工作，“十三五”减排任务将畜禽养殖粪污处理利用作为农业污染减排的工作重点，并纳入约束性考核指标，防治畜禽养殖污染成为加快现代畜牧业进程中必须解决的重点问题。

畜禽养殖粪污中含有多种有机成分，未经过处理直接排放，将对环境造成污染，但是如果经过无害化处理后，粪污中的多种有机成分能转变成植物生长所需要的养分，成为有用的资源。畜禽粪污中的氮、磷等含量与饲料养分代谢有关，污水量受生产管理环节等因素的影响。因此，畜禽粪污处理利用应综合考虑粪污的来源、影响因素、利用价值以及处理成本等，基于以下思路选择适当的处理利用方法。

1. 源头削减、预防为主

畜禽摄食的日粮养分中，只有部分能被吸收，用于其生长和繁殖，其余的养分则随排泄物进入环境。解决畜禽养殖废弃物污染问题应从动物日粮入手，通过科学的日粮配制技术和生物技术在饲料中的应用，提高饲料中营养物质利用率，减少排泄物产生量。

通过降低日粮中营养物质（主要是氮和磷）的浓度、提高日粮中营养物质的消化利用、减少或禁止使用有害添加物以及科学合理的饲养管理措施，减少畜禽排泄物中氮、磷养分及重金属的含量。饲料源头减排技术的优点在于既能减少部分饲料养分投入，节约饲料资源，也能减少环境污染。但饲料源头减排不应以牺牲动物的生产性能为代价，而应平衡生产效益和环境效益之间的关系。

另外，通过选择优良品种、严格执行雨污分流、改善畜禽舍结构、改进清粪工艺等措施从源头减少污染物排放。

2. 种养结合、生态发展

优先利用畜禽粪污中含农作物生长所需要的氮、磷等养分，如果利用得当，这将是很好的农业资源。因此，优先选择对畜禽养殖粪污进行循环利用，发展生态农业，通过种植业和养殖业的有机结合，实现畜禽生产与环境建设的协调发展。

需要注意的是，基于养殖污水的液体肥料，由于运输比较困难，且成本较高，提倡就近利用。因此，这就要求养殖场周围具有足够的农田面积。不仅如此，由于农业生产中的肥料使用具有季节性，应采用足够的设施对非施肥季节的液体肥料进行贮存。对液体肥料的农业利用，要制订合理的规划并选择适当的施用技术及方法，既要避免施用不足导致农作物减产，也要避免施用过量而给地表水、地下水和土壤环境带来污染，实现养殖粪污资源化和环保效益双赢。

3. 因地制宜、合理选择

由于各地经济社会发展水平不同，养殖场周围的自然条件各不相同，规模不一，环境要求也有较大差异，无论哪种粪污处理利用技术都无法满足所有养殖场的技术需求。因此，应综合考虑地区社会经济发展水平、资源环境条件以及环境保护具体目标，根据畜禽养殖场的实际需要，采取不同的污染治理工程措施，切实解决养殖场的污染治理问题。

4. 全面考虑、统筹兼顾

对于畜禽粪污、废水的处理较固体粪便处理难度大，可根据既定的污水处理方式，选择适当的生产工艺或清粪方式，但不可将生产或清粪方式与后续的污水处理方式完全割裂开来。例如，对于采用水泡粪清粪工艺的规模化猪场，其粪污处理宜采用沼气工程技术，如果选择达标排放处理技术，无形中将增加后期处理难度。对于干清粪养殖场，养殖污水中的固体物含量较少，如果采用CSTR反应器对养殖污水进行厌氧处理，为了确保反应器的工作效率，则往往需要向污水中添加固体粪便，将清理出来的固体粪便再加到污水中，显然，该场的粪污管理的前后环节不配套、不合理。对于垫料养殖的畜禽场，由于养殖场的污水量很小甚至为零，因此，就不必建设污水处理设施。

正因为畜禽生产工艺、清粪方式对养殖污水的有机物含量和污水量都有很大的影响，在选择养殖污水处理技术时，应充分考虑影响养殖污水产生的各个环节，确定最佳的污水处理工艺。

对于畜禽养殖业带来的环境问题，国外早已有了深刻的认识。日本早在20世纪60年代就提出了“畜产公害”问题。欧洲的荷兰南部、比利时、德国西部的下萨克森州、丹麦、法国的布列塔尼地区等畜禽养殖业发达的城市也都曾被畜禽粪尿与废水造成的严重环境危害困扰，他们纷纷通过法律及环境管理措施加强对畜禽养殖场粪尿及废水的处理、处置与综合利用。虽然我国规模化畜禽养殖业起步较晚，但发展势头十分迅猛，在很短时间内已达到相当的规模，并呈高速发展的趋势，畜禽养殖场排放的大量而集中的粪尿与废水已成为许多城市及农村的新兴污染源，是一些城市环境污染的根本原因。主要体现在以下几个方面。

（1）大气污染

畜禽粪尿中含有大量的未被消化吸收的有机物，大体可分为碳水化合物和含氮化合物。碳水化合物可分解成甲烷、有机酸和醇类。含氮化合物主要是蛋白质。在有氧条件下，蛋白质分解的最终产物是硝酸盐类；无氧条件下，可分解成氧、乙烯醇、二甲基硫醚、硫化氮、甲胺、三甲胺等恶臭气体。刚排泄出的畜禽粪便含有NH_3、H_2S等有害气体，在未能及时清除或清除后不能及时处理时其臭味将成倍增加，产生甲基硫醇、二甲二硫醚、甲硫醚、二甲胺及多种低级脂肪酸等有恶臭的气体，不仅危及周围居民的健康，而且也会影响场内畜禽的生长。

①氨气(NH_3)：氨气是一种无色、具有刺激性臭味的气体，易溶于水。据研究，一个存栏3万只的蛋鸡场，每天向空气中排放的氨气达1.8kg以上。

在畜舍中，氨气常被溶解或吸附在潮湿的地面、墙壁及家畜的黏膜上，刺激家畜的外黏膜，引起黏膜充血、喉头水肿。氨气进入呼吸道，可引起咳嗽、气管炎和支气管炎、肺水肿出血、呼吸困难、窒息等症状。高浓度的氨，可直接刺激体组织，引起碱性化学性灼伤，使组织溶解、坏死，还能引起中枢神经系统麻痹、中毒性肝病、心肌损伤等症状。家畜处在低浓度氨的长期作用下，体质变弱，对某些疾病的易感性增强，采食量、日增重、生产力都下降。有试验报道，饲养在NH_3浓度为50mg/m^{3}的空气中的幼猪增重率下降12%，NH_3浓度在100mg/m^{3}或150mg/m^{3}时，幼猪增重率下降30%。含NH_3 20mg/m^{3}的空气可引起鸡的角膜结膜炎，新城疫发病率大大增加。在50mg/m^{3}时，鸡的呼吸频率会下降，产蛋量减少。有的国家规定，畜舍中氨的最高允许浓度为19.5mg/m^3。鸡对氨特别敏感，因此，鸡舍中氨的最高浓度为15mg/m^3。鲍永志等对河北美城部分养殖户的监测结果显示，猪舍、鸡舍中的氨气、硫化氢等超标较为严重。

空气中氨浓度高会因酸沉降而影响土壤和水体，空气中的氨使雨水变酸，溶于雨水中的SO_2增多，形成$(NH_4)_2SO_4$并在土壤中氧化，释放出HNO_3和H_2SO_4，释放出的HNO_3和H_2SO_4反过来又可使酸沉降增加3~5倍。

②硫化氢(H_2S)：硫化氢是最具危害性的粪便气体，对畜禽及人的眼、呼吸道危害影响大。高浓度时会麻痹人的嗅觉神经，还可以造成膈肌麻痹。据报道，硫化氢浓度达200~300mg/m^{3}时，就会使人畜表现为轻度中毒症状，几小时后即会死亡；当浓度达1500mg/m^{3}时，15min以内即会使人畜死亡。畜舍空气中硫化氢含量最高不得超过10mg/m^3。鸡舍内硫化氢的浓度一般为0.4～3.4mg/L。

③二氧化碳(CO_2)：二氧化碳也是一种有害气体，它本身无毒性，它的危害主要是造成缺氧，引起慢性毒害。在畜舍中，二氧化碳浓度很少会达到引起家畜中毒的程度，但它的高低能表明畜舍空气的污浊程度。二氧化碳浓度越高，表明其他恶臭成分和有害气体愈多。

④甲烷(CH_4)：甲烷是由粪便中细菌厌氧发酵产生的主要燃料气体。牛羊等反刍动物不仅产生大量粪便，而且也产生大量的甲烷等气体污染大气。据报道，反刍动物产生的甲烷气体占大气中甲烷气体的1/5，特别是牛产生的甲烷气体量最大，是其他反刍动物的2～3倍。众所周知，自然界存在甲烷的多少是影响气温高低的重要气体之一，其增温贡献率大约为15%。在这15%的贡献率中，来自于农田土壤活动、农作物秸秆燃烧以及畜禽养殖业三个方面的贡献率，即达70%。根据联合国政府间气候变化专门委员会(IPCC)所推荐的温室气体排放清单编制方法，浙江省农业厅环保站对全省1997年畜禽养殖业的甲烷气体释放总量进行估算的结果表明，养殖业甲烷气体的排放量最大，占全省畜禽养殖业甲烷气体释放总量

的28%～38%。如果根据近两年畜牧业发展形势的分析，在今后几年内，畜禽养殖业的甲烷气体释放量将仍呈现增长趋势。

⑤羽毛禽类养殖中，鳞片、绒羽四处飞散，污染环境，这种现象在换季时尤为严重。

（2）氮、磷污染

研究资料表明，一头小猪从断奶体重及至养到100kg时上市屠宰，共需消耗氮8～9kg，其中能够被吸收沉积为瘦肉的氮尚不足3kg，剩余5～6kg（约占饲料总量的50%～70%）的氮均以粪尿的形式被排泄到体外。粪便若不经处理，其中一部分氮则挥发到大气中，增加了大气中的氮含量，严重时造成酸雨，危害农作物；其余大部分则被氧化成硝酸盐渗入地下或随地表水流入江河，从而造成广泛的污染。美国在饮用水的标准中指出，每升水中硝酸根离子不应超过10mg，超过此量时对婴儿的健康有害。幼龄畜禽饮用含高浓度硝酸根的水同样会产生不良后果。

磷是畜禽生长所必需的矿物质。畜禽消化道中缺乏植酸酶，故不能利用植酸磷，大部分磷随粪便排出，造成磷污染。另外，饲料中的一些抗营养成分，会造成氮和磷的综合污染。如饲料中的非淀粉多糖类物质（主要成分是阿拉伯糖、木聚糖芬、半纤维素、纤维素和多糖类物质），由于有较高的黏性，会结合消化酶而阻止向底物渗透，抑制对营养物质的消化，引起排泄物增加，造成氮和磷等的综合污染。

畜禽粪便中含有的N、P是作物生长必不可少的营养元素。但是，如果不加限制地还田，反而起不到肥田的效应，作物会“疯长”，使产品质量下降，产量减少。根据上海市农科院环保所1994年调查的结果表明上海市郊区畜禽粪便作为有机肥用于农田，占农村总肥源（包含化肥）的20%～50%。因此，在一般条件和合理施用的情况下，畜禽粪便的施用量（猪粪当量有机肥）在菜区应控制在600t/(hm^2·a)；根棉瓜果区应控制在42t/(hm^2·a)；纯粮区应控制在24t/(hm^2 · a)。这种施用量完全可被农田环境所消纳，不构成环境污染的威胁。如果超量使用，将会造成农田污染。对上海市郊207个乡和15个农场关于畜禽粪便负荷量的调查表明，约有27.3%的施用地区畜禽粪便负荷量超出了农田环境的消化能力，对环境构成了污染威胁。

美国农业部的科研人员采用计算机模拟和地下水取样等方法，对科罗拉多州的肉牛饲养场附近地下水的质量状况进行了分析。结果表明：肉牛场附近的地下水已遭到严重的污染，已有70%的地下浅层水氮素含量超过卫生标准，个别地方地下水中氮含量达到40mg/L，高出美国环保局所规定的饮用水卫生标准的3倍。

（3）矿物元素污染

在畜禽粪便中，由于大量添加钙磷等矿物元素以及铜、铁、锌、锰、钴、硒和碘等微量元素，使得未被畜体吸收的过量矿物元素又从畜粪便中排出体外污染环境。一方面，在养畜的饲料中大量添加无机磷，而添加的无机磷（如磷酸氮钙）约75%为植酸磷。植酸磷不能被动物所吸收利用而会直接排出体外。据研究测定，畜粪中磷的含量达0.001%～0.002%。一个万头猪场，每年由畜粪排出的磷约320～570t。全国每年由猪粪中排出的磷多达106.2万吨～212.4万吨。这些由畜粪排出的磷使土壤中的磷大大超标，引起严重污染。另一方面，由于各饲料厂和养殖场均普遍采用高铜、高铁、高锌等微量元素添加剂，如有的在仔猪和生长猪饲料中添加无机铜达100～250mg/kg，有的高达200～300mg/kg。在猪的浓缩料中铜的含量达1000～1500mg/kg。

（4）重金属污染

近年来，随着饲料工业的发展，一些新型饲料添加剂中含有铜、砷、汞、硒等重金属元素，由此给环境带来不可忽视的影响。以砷为例，近年来在宣传媒介中对有机砷制剂，如对氧基苯砷酸和梢径基苯砷酸的介绍有片面强调其促生长及医疗效果的一面，而忽视其致毒及可能导致环境污染的一面。据预测，一个万头猪场按美国FDA允许使用的砷制剂剂量推算，若连续使用含砷饲料，5～8a后将可能向猪场周边排入1t砷，16a后土壤中砷含量可翻一番。土壤中砷含量每升高1mg/kg，则甘薯块根中砷含量即上升0.28mg/kg，不超过10a该地所产甘薯中砷含量会全部超过国家食品卫生标准，这片耕地只能废弃或改种其他作物。有报道在阿拉巴马州农田因长期施肉鸡粪，铜、锌含量已积累到毒害水平。有资料报道显示，使用肉鸡粪的土壤中砷含量超过污泥农用标准（41mg/kg），田间大量使用禽粪致使土壤盐分含量过高，对作物生长产生不利的影响。

（5）兽药残留污染

在畜禽养殖过程中，为了防治畜禽的多发性疾病，养殖场多在饲料中添加抗生素，抗生素随饲料进入动物消化道后，短时间内进入动物血液循环，最终大多数的抗生素经肾脏的过滤，随尿液排出体外，极少量没排出的抗生素就残留在动物体内。大多数饲料用抗生素都有残留，只是残留量大小不同。随着药物的经常性使用，微生物的耐药性增强。为了防治疾病，药物的用量逐渐加大，药物在动物体内的转化和积累必将导致药物残留的增加，形成恶性循环，最终导致食用畜禽产品的人体受到一定程度的伤害。

我国已有17种抗生素、抗氧化剂和激素类药物和11种抗菌剂作为饲料添加剂用于饲喂畜禽。据报道，我国每千克猪肉、猪肝和肾脏分别含土霉素0.31mg、0.49mg和1.23mg；每千克鸡肉、鸡肝和肾脏中分别含有氧丙啼0.2mg、0.5mg和65mg。如以含氯苯胍66mg/kg的饲料喂肉鸡，则鸡肉中出现氯苯胍特有的脂肪酸。当饲料中喹乙醇含量高达120~210mg/kg时，则能引起鸡群急性中毒。另外，我国仍有不少饲料厂使用激活剂（肾上腺素）添加于饲料之中，已陆续引起危害人体健康的严重事件。为此，世界各国已明确规定不允许在饲料中使用抗生素和激素类物质作为添加剂。

（6）微生物污染

畜禽体内的微生物主要是通过消化道排出体外的，粪便是微生物的主要载体。有关资料表明，在1g猪场的粪污水中，含有83万个大肠杆菌，69万个肠球菌，还含有寄生虫卵、活性较强的沙门氏菌等。这些有害病菌，如果得不到妥善处理，将污染环境，不仅会直接威胁畜禽自身的生存，还会严重危害人体健康。粪便中的病原微生物在较长时间内可以维持其感染性。如多条性巴氏杆菌在室温条件下的粪便中，其传染性可维持34d，马立克氏病毒可维持100d，禽流感病毒在4摄氏度可维持30~35d。据有关专家对局部环境污染较为严重的规模化养猪场调查，结果表明：其传染性胃肠炎、支原体的发病率高达50%以上；其仔猪黄痢、白痢、传染性胃肠炎、支原体及猪蛔虫病的发病率可高达50%以上。这不仅对畜禽的生产力水平及生存的条件产生严重影响，还会危害人类健康，而且严重时还将会成为威胁畜禽生存的重要因素。

据世界卫生组织（WHO）和联合国粮食及农业组织（FAO）的有关资料，目前已有200种“人畜共患传染病”。其中较为严重的至少有89种，即可由猪传染的约25种，由鸟（含家禽）传染的约24种，由牛传染的约26种，由羊传染的约25种，由马传染的约13种。而这些人畜（禽）共患传染病的传播载体，主要是畜禽粪尿排泄场。诸如炭疽、禽流感、五号病、布氏杆菌病、结核病等，均系世人共知的人畜共患传染病。1997年3月台湾发生猪口蹄疫暴发性流行，主要原因是病猪的尸体随意扔入河道。据西方一些科学家研究报道，很多新的流感病毒，就是在猪身上相互作用后而产生的。

（7）其他污染

养殖场中因疫病或事故而死亡以及因实验解剖所遗留下来的畜禽尸体、孵化场所遗留下来的死胚和蛋壳、饲料加工厂产生的粉尘、畜产品加工厂产生的污水和废弃物以及因燃烧废弃物和畜禽尸体所散布出来的烟尘等都可对周围环境造成严重的污染。畜禽饲喂中垫料，饲料残渣及粪便等会滋长各种微生物，粉尘是微生物的载体，并吸附大量臭气。同时微生物不断分解粉尘、有机质而产生臭气，引诱苍蝇、蚊虫等，使空气恶浊。

DI-WU ZHANG
CHUQIN YANGZHIYE
WURANWU CHULI YUANZE

第五章
畜禽养殖业污染物处理原则

一、资源化原则

粪污资源化是将粪污中含有大量的有机物和丰富的氮、磷、钾等肥效成分通过一定的技术处理加以回收及利用。在粪尿无害化的同时，回收其中有效成分，是制肥的主要利用手段之一。另一个重要方面是回收粪尿中的水分。粪尿中70%以上是水分，通过处理可以使这些污水达到较高的水质标准，实现了粪污的无害化、资源化利用。畜禽粪污中富含农作物生长所需要的氮、磷等养分，因此，不应总是将其视为废弃物。如果利用得当，它也是很好的农业资源。畜禽粪污经过适当的处理后能大大降低粪便的处理难度，缓解环保压力。因此，优先选择对养殖废弃资源进行循环利用、发展绿色农业，通过种植业和养殖业的有机结合，实现农村生态效益、社会效益、经济效益的协调发展。

据专家预测，未来10年我国有机农业生产面积以及产品年均增长将在20%～30%，在农业方面，以畜禽粪便为原料的有机肥将有很大的市场需求。

当然，需要注意的是，养殖污水的液体肥料，由于运输比较困难，且成本较高，因此提倡就近利用，这就要求养殖场周围具有足够的农田面积。不仅如此，由于农业生产需求的肥料使用具有季节性，应有足够的设施对非施肥季节的液体肥料进行储存。对液体肥料的农业利用，要制订合理的规划并选样适当的施用技术和方法，既要避免施用不足导致农作物减产，也要避免施用过量而给地表水、地下水及土壤环境带来污染，实现养殖粪污资源化与环保效益双赢。

二、减量化原则

畜禽养殖污染源点多、面广、数量大，因此，畜禽粪便污染治理必须特别强调减量化优先的原则，可通过养殖结构调整、开展清洁生产，如改进养殖场生产工艺，进行科学的饲养管理，采用用水量少的干清粪工艺，减少畜禽粪污的产生量与排放量，多种途径实施干湿分离、雨污分离、饮排分离等科学手段和方法，来达到降低污水数量及浓度、降低处理难度及处理成本的目的。

减量化原则是循环经济“3R”理念最核心的原则。实现生产和消费过程中资源消耗减量化和废物排放减量化，也是建设资源节约型和环境友好型社会的基本原则。减量化原则主要体现在两个方面，一是要求在经济活动的源头就注意节约资源和减少污染，用较少的原料和能源投入来达到既定的生产目的或消费目的，力求产品体积小型化和产品重量轻型化，从而达到减少废弃物排放的目的；二是要求把废弃物回收和再资源化，减少或减轻对生态环境的污染。

随着我国畜禽养殖业的快速发展，畜禽粪污排放量日趋增多，对环境已造成巨大压力，通过多种途径，将粪污排放总量减少到最低限度，是降低污染治理成本、最大限度地提高污染治理效果、减少处理和利用的难度和开展粪污资源化利用的必要条件。

在畜禽生产活动中，减少污染的基本原则必须贯穿于生产的始终，从各个环节采取相应的技术处理减少粪污排放。

源头（产前）控制主要措施是合理规划养殖结构，合理控制畜禽饲养数量，研究、开发、引进、推广优良品种，采取农牧结合等生态养殖模式，减少污染。

产中控制的主要措施有改变饲养方式，实行全进全出；更换饮水设备、改善饮水方式和粪便收集方式，采取雨污分流和粪尿的干湿分离，并针对不同的畜禽圈舍，采取不同的冲洗方法，避免用水过多，减少污水浓度和排放量，实现清洁养殖；大力推行科学饲养、改善饲料结构与配方，积极采用“理想蛋白质模式”降低氮的排泄，应用植酸酶降低磷的排泄，应用有机元素降低矿物微量元素减轻其污染，利用畜禽防臭剂来减轻或消除臭味污染；建立粪便收集池，定点收集，设置畜禽废渣的储存设施，防止畜禽废渣渗漏、散落、溢流、雨水淋湿等。

在养殖末端即产后主要是实行高效的固液分离技术，通过自然堆腐或高温堆腐方法处理粪便后作为农业用肥或加工制成优质有机肥，采用沉淀、曝气、生物膜和光合细菌设施处理污水。并通过“猪—沼—果（蔬）”生态模式，就地吸收、消纳，降低污染，净化环境，达到畜禽粪污达标排放或零排放，实现减量化的目标。畜禽养殖业减量化主要技术措施有以下四个方面。

1. 实行科学的饲养管理

（1）改变饲养方式，实行全进全出

畜禽养殖应推行全进全出的饲养方式。规模化猪场应实行养猪生产各个阶段的全进全出，按目前我国规模化猪场的现状，至少要做到产房和保育两个饲养阶段的全进全出，全进全出可以减少或避免猪群间母猪与仔代间的疾病感染机会。规模化猪场要做到或减少不同日龄猪的混群饲养。尽量减少猪群转栏和混群的次数，以减少应激因素。

鸡群的全进全出是把成年鸡和育成鸡、雏鸡分开饲养，同一栋鸡舍、同一个鸡场，不仅要做到同时进鸡、同时出栏，进鸡时一次把全部鸡舍装满，或在短时间内把鸡舍装满。待这

批鸡全部淘汰后，全场进行彻底清扫、清洗、消毒，空舍2～4周，再进新鸡。出栏后对环境统一进行彻底的清扫、冲刷、消毒，而且还要做到免疫、药物预防、带鸡消毒、环境消毒同时进行，以减少不同日龄、不同批次鸡群交叉感染的机会，保证鸡群的持续安全生产。

实践证明，在饲养管理相同的情况下，实行全进全出制的鸡场要比不实行的鸡场的鸡增重速度增加9%～15%，料肉比降低10%～14%，死亡率降低8%～12%，大大降低了生产成本，提高了经济效益。

全进全出不仅有利于防疫，而且有利于粪污处理。全进全出可根据相同的年龄配制相同的营养，添加相同的酶制剂、植酸酶等，提高饲料转化率，减少饲料浪费，减少污染物的排放。

（2）投喂膨化或颗粒饲料

研究报道表明：猪饲料颗粒度在700～800um时，饲料的转化率最佳，且不会发生溃疡和结块问题。饲料制粒处理有改善饲料效率和降低养分排出的趋势，使干物质和氮的排泄量降低23%和22%。饲料的膨化处理和颗粒化处理可使随粪便排出的干物质减少1/3。使用低蛋白质饲料（如水解羽毛粉）会明显增加氮的排泄，而通过饲料加工工艺可部分消除饲料中的抗营养因子，提高饲料效率，降低氮排泄量。

（3）分阶段饲养

在猪场中可通过营养管理来提高养分的利用率并减少养分的浪费。一种实用的方法也是最简单的方法那就是分阶段饲喂。一般猪的饲养期分为仔猪期、生长期和肥育期3个阶段。这种传统方式不能满足现代养猪生产需要，所以目前提出了阶段式饲养。在环境保护方面，有学者已证实阶段饲喂法的优越性。猪在肥育后期，采用二阶段饲喂比采用一阶段饲喂法的氮排泄量减少8.5%。饲喂阶段分得越细，不同营养水平日粮种类分得越多，越有利于减少氮的排泄。三阶段低蛋白日粮可使氮的排出降至每猪3.5kg，这个量比二阶段传统日粮饲养法每猪降低1.1kg或20%的氮排出量。另外，公母分养配制营养水平不同的日粮，也有利于减少氮的排泄。其他畜禽采用分阶段饲养，也能取得同样效果。

（4）正确饲养管理

正确的饲喂管理是一种尽量减少饲料浪费并改善饲料利用率的简便方法。首先，饲槽的形状会直接影响到饲料浪费。例如，有学者在伊利诺伊州大学研究了11个猪的自动饲喂器，这些猪体重在22.68kg～56.7kg。他们测量多少饲料掉落并通过地板，发现饲料损失在2.1%~7.7%。多个国家的研究者都曾估计饲料浪费，美国约为4%(2%~12%)，英国约为6%(1.5%~20%)，丹麦约为3%～5%。饲料的浪费不仅增加了饲喂的成本，而且会造成环境污染。减少2%的饲料损失，粪尿中的氮大约可以降低3%(氮在体内的存留按35%计)。

2. 应用营养调控方法，减少污染物排放

饲料中营养物质的不平衡和利用率低是导致畜禽排泄物中营养物质含量高，对土壤、空气、水体造成污染的主要原因。采用营养调控方法、提高畜禽对营养物质的利用率是减少畜禽生产对环境污染最有效的方法之一。

（1）选购优质饲料

在选购饲料原料时，一是要注意选购消化率高、增重快、排泄少、污染少、营养变异小的原料，据测定，采用高消化率饲料的畜禽粪污中氮的排出要比一般饲料降低5%；二是要注意选择有毒、有害成分低、安全可靠的原料，绝对禁止使用不合格的变质原料。

（2）改进饲料配方

①正确估测动物对营养的需要量和营养物质的利用率。

设计并配制营养水平与动物生理需要基本一致的日粮，是减少营养浪费的关键。而要设计配制出与生理需要量相一致的日粮，就要准确地估测不同畜禽在不同生理阶段、环境、日粮配制类型等条件下对营养物质的需要量和养分的消化利用率。

②采用营养平衡配方技术，配制生态饲料。

生态饲料又名环保饲料，它是指围绕解决畜产品公害和减轻畜禽粪便对环境的污染问题，从饲料原料的选购、配方设计、加工饲喂等过程，进行严格质量控制和实施动物营养系统调控，以改变、控制可能发生的畜产品公害和环境污染，使饲料达到低成本、高效益、低污染的效果。就现实情况而言，在实用日粮的配合中必须放弃常规的配合模式而尽可能降低日粮蛋白质和磷的用量以解决环境恶化问题；同时要添加商品氨基酸、酶制剂和微生物制剂，通过营养、饲养办法来降低氮、磷和微量元素的排泄量。为此必须采用消化率高、营养平衡、排泄物少的营养平衡配方技术。

生态饲料可以用公式表示为：生态饲料即饲料原料+酶制剂+微生态制剂+饲料配方技术。

饲料原料型生态饲料：这种饲料的特点是所选购的原料消化率高、营养变异小、有害成分低、安全性高，同时，饲料成本低。如秸秆饲料、酸贮饲料、畜禽粪便饲料、绿肥饲料等。当然，以上的饲料并不能单方面起到净化生态环境的功效，它需要与一定量的酶制剂、微生态制剂配伍和采用有效的饲料配方技术，才能起到生态饲料的作用。

微生态型生态饲料：在饲料中添加一定量的酶制剂、益生素，能调节胃肠道微生物菌落，促进有益菌的生长繁殖，提高饲料的消化率，具有明显降低污染的能力。如在饲料中添加一定量的植酸酶、蛋白酶、聚精酶等酶制剂能有效控制氮、磷的污染。

综合型生态饲料：这种饲料综合考虑了影响环境污染的各种因素，能全面有效地控制

各种生态环境污染。但这种饲料往往成本高。

配方时，要使饲料中各种营养物质保持适当的比例关系，达到平衡协调，以满足不同畜禽生长发育对各种营养物质的需求。同时要从减少污染的目标出发，采取合理的配方模式。例如理想蛋白模式，采用可消化氨基酸及有效磷等指标，来设计不同品种、性别、年龄动物的日粮模型，使养分供需达到精确平衡，可以在保证最大生产效率的同时减少氮、磷的排泄；同时使用有机微量元素、酶制剂、益生素、益生菌与酸化剂，及除臭剂等饲料添加剂，以有效地提高饲料转化率，降低畜牧生产的污染，并增强动物的抗病能力，改善动物产品的品质。

a.使用合成氨基酸。从改善畜禽业生产过程中氮的污染这一目的出发，目前最有效的措施是采用合成氨基酸，配置满足畜禽营养需要的蛋白质平衡日粮，可以在不影响畜禽生产性能的前提下，使日粮中的蛋白质水平降低2%～5%，从而减少氮的排出量20%～50%。这样既可以节省天然蛋白质饲料资源，又可以减轻规模化畜牧业生产对环境的氮污染。Jongblied等(2012)报道，畜禽日粮中氮的吸收率通常只有30%～50%，要提高氮的利用率，就必须提高日粮的平衡性。而日粮必需氨基酸占总氮的45%～55%时，氮的利用率最高(Lenis,1996)。许多试验表明，在日粮氨基酸平衡性较好的条件下，日粮蛋白质降低2个百分点对动物的生产性能无明显影响(Jongblied等，2012)，而这可使氮的排泄量下降20%,Shriver等(2015)用粗蛋白水平降低4%(添加合成氨基酸达到与对照组相同的氨基酸水平)的日粮，使总氮的排泄量降低49%，但并不影响生产性能。而Canh等(2012)用添加合成氨基酸的方法，使各组日粮达到相同的氨基酸水平，而粗蛋白水平分别为16.5%、14.5%和12.5%。饲喂生长猪时发现，尿氮含量和粪尿pH因粗蛋白水平的下降而下降，而粪氮含量不受粗蛋白水平的影响。据统计，通过理想模型计算出日粮的粗蛋白水平每下降1个百分点，粪尿氨气的释放量就下降10%～12.5%。除氨气外，动物排泄物中的臭气物质还有残余含硫氨基酸降解产生的硫化氢、过量色氨酸降解产生的吲哚类物质，以及芳香族氨基酸、酪氨酸降解的苯酚类产物等，都严重危害人与动物的健康。Hobbs等(1996)通过向日粮中添加合成氨基酸，而使生长猪和肥育猪日粮的蛋白质水平分别从21%降到14%、从19%降到13%,结果使尿氮的排出量减少40%，还使两者粪尿中的臭味物质显著减少。

b.添加酶制剂。添加植酸酶是提高饲料中有机磷的利用率，减少规模化养殖中磷排放量的最有效的方法，诸多研究表明，在日粮中添加植酸酶可使磷的排泄量降低20%～50%，并能提高畜禽对铜、铁、锌等矿物元素的利用率和对氨基酸、蛋白质的消化率。对肉鸡的试验表明:添加植酸酶可使日粮中的粗蛋白降低1个百分点，氮的排泄量减少10%，而对生产性能、品质和氨基酸利用率无明显影响。据报道，肉用仔鸡日粮中添加植酸酶能使小麦、大豆中磷的消化率提高25%～40%，降低粪便中总磷的含量。现在已知植酸酶有3种类型，即肌醇六磷酸3-磷酸水解酶、肌醇六磷酸6-磷酸水解酶和非特征性的正磷酸盐单酯磷酸水解酶。植酸酶制剂目前仅用于单胃动物，主要使用对象是猪、鸡和鱼类。一般认为，饲料中植酸磷含量在0.2%以上时，才考虑使用植酸酶制剂。猪粮中的添加剂量一般为500～700U/kg，欧洲各国整体推荐量为400～600U/kg，可取代0.1%～0.12%的饲料无机磷。

c.使用非淀粉多糖与其降解酶。目前，玉米资源短缺，麦类的营养价值高于玉米，且资源丰富，是玉米的最佳替代品。但麦类籽实，而且含有较多的非淀粉多糖(NSP)，它具有抗营养作用，严重影响了麦类所含营养物质的消化利用。NSP是植物组织除淀粉外所有碳水化合物的总称，包括纤维素、半纤维素和果胶类物质等。它是由多种单糖和糖醛酸经糖苷键连接而成的，大多数为有分支的链状结构，常与蛋白质和无机离子等结合在一起。作为细胞壁的主要成分，NSP不能被单胃动物自身分泌的消化酶水解。可溶性半纤维素类的β-葡聚糖和阿拉伯木聚糖(戊聚糖)是当前研究的热点。β-葡聚糖在大麦、燕麦中含量较高，而木聚糖和戊聚糖则在小麦、黑麦和黑小麦中含量较高。这些多糖主要分布在谷物籽实胚乳细胞壁中，可在动物消化道中部分溶解，与蛋白质和淀粉共同形成黏性胶体，有很强的持水力，而不易与消化液接触。同时，这些多糖会结合消化酶，抑制消化酶对底物的渗透，从而降低了营养物质的消化率和利用率，饲料能值也随之降低。另外，未消化物质的增加，也会使代谢废物排出增多，对环境的污染程度大大增加。为提高畜禽对这些麦类谷物的利用效率，研究者们提出了许多方法，添加外源性多糖降解酶是其中最有效的一种办法。近来研制的新型多糖降解酶是以NSP降解酶为主体，兼有纤维素酶、淀粉酶、蛋白酶和植酸酶的复合型酶制剂。其使用目的也不再是补充畜禽内源酶的不足，而是以最大限度地消除NSP的抗营养作用，充分释放饲料中可利用养分，减少饲料资源的浪费，降低动物饲养对环境的污染为目的。这也是十多年来发达国家充分挖掘饲料资源，降低养殖业对环境污染所采取的措施之一。国内外大量试验证明，添加非淀粉多糖酶能够提高动物增重和饲料利用率。它能显著提高肉牛的饲料转化率和日增重，提高奶牛的饲料消化率和奶产量；提高肉羊增重、饲料转化率和屠宰指数；提高仔猪日增重和饲料利用率，降低仔猪死亡率；提高肉鸡、雏鸡和母鸡的日增重、饲料消化率和蛋白质沉积率并显著降低料肉比和稀粪率等。

d.使用有机微量元素。过去广泛使用的无机微量元素，由于其利用率低，且易受pH、脂类、蛋白质、纤维、草酸、氧化物、维生素、磷酸盐、植酸盐及霉菌毒素等诸多因素影响，使其被动物吸收的数量远小于理论值。近来发现，有机微量元素的效价一般高于无机微量元素，所以用有机微量元素替代无机微量元素，可减少微量元素在饲料中的添加量，减轻动物微量元素排泄对环境造成的污染。有机微量元素是微量元素的无机盐与有配位体形成产物的总称。具有电荷中性和高稳定性的特点，一出现就受到广泛重视，至今专家们已对它进行了大量研究。证明有机微量元素对畜禽生长(产)性能、畜产品品质、抗应激、机体免疫功能和其他养分利用率等多个方面均表现出一定的生物学效应。李素芬等(2001)在研究中总结了有机微量元素对动物作用效果的59次试验，绝大多数试验表明有机微量元素对畜禽的作用效果高于或等同于等量的无机微量元素。目前应用于生产的氨基酸螯合物有蛋氨酸锌、赖氨酸铜、蛋氨酸锰、蛋氨酸铁、甘氨酸铁、蛋氨酸铜、蛋氨酸铬及赖氨酸锌等产品。其中，以蛋氨酸锌、赖氨酸铜、蛋氨酸锰等对动物的效果最为显著。另据报道，这些氨基酸螯合物还可能作为“单独单元”在动物机体内起特殊作用，如改进动物毛皮状况，减少早期胚胎死亡等，而这些不能用添加高水平的无机状态下的微量元素来代替。

e.应用益生素、益生元、酸化剂等微生物制剂。长期以来，抗生素作为生长促进剂应用于畜牧业取得了良好的效果，但由于其耐药性、畜产品药物残留、过敏中毒反应及“三致”作用等危害日益严重，人们开始寻求抗生素的替代品，这已成为动物营养研究中的一大热点。通过试验与生产应用，现已证明微生物制剂不仅能增强肠道功能，提高蛋白质的利用率，抑制大肠杆菌等有害菌的活动，而且可减少蛋白质转化为氨和其他有害物质或气体，降低肠道内容物中甲酚、吲哚、粪臭素和粪便中氨的含量，从而减少粪便臭气。大肠中的芽孢杆菌不仅能产生氨基化氧化酶和分解硫化物的酶类，将臭源吲哚类化合物完全氧化成无臭、无毒害、无污染的物质，而且还可降低动物体内血氨的浓度，在饲料中添加含有嗜酸乳酸杆菌、双歧杆菌、粪链球杆菌等微生物的制剂，均能降低动物粪尿中氨气的排放量，净化厩舍空气，减少对环境的污染。

益生素又称益生菌、促生素、利生剂、活菌制剂或微生态制剂等，是指摄入动物体内参与肠内微生物平衡的、具有直接通过增强动物对肠内有害微生物群落的抑制作用，或者通过增强非特异性免疫功能来预防疾病，而间接起到促进动物生长作用和提高饲料转化率的活性微生物培养物。已有许多试验证实了益生素具有提高增重、改善饲料转化效率、促进畜禽机体免疫功能、降低死亡率及改善环境等效果。目前使用的益生素主要是芽孢杆菌、乳酸杆菌、粪链球菌等单一菌种或复合菌种的制剂。

益生元又称前生素、化学益生素等，是一种非消化性食物成分，进入大肠后可选择性地为大肠内的有益菌所利用，却不为有害菌所利用。它包括多种物质，如含氮多糖或寡糖、辅酶、某些氨基酸和维生素，甚至包括半纤维素和果胶等。但现在研究和应用较多的为寡糖类物质，如低聚果糖、甘露低聚糖及异麦芽低聚糖等。大量研究表明，低聚糖能够明显增强动物的抗病能力，显著提高动物日增重、降低疾病发生率、提高断奶仔猪的日增重和饲料转化率、提高鸡白细胞吞噬能力和淋巴细胞转化率，有效改善鸡肠道微生态环境并减低大肠杆菌数和盲肠、回肠内容物pH等。同时低聚糖具有耐高温、耐胃酸等特性，使其应用性更为广泛，在粉料、颗粒料和膨化料中均可使用。不同的低聚糖其适宜添加比例是不同的，果寡糖在仔鸡日粮中的适宜添加量是0.25%～0.5%，而乳糖的适宜添加量是4.0%左右。

动物胃为酸性环境，其中的细菌多为产酸菌和耐酸菌，幼年动物由于分泌胃酸能力较弱，外来菌容易存活和繁殖。使用酸化剂可以提高胃液的酸性，促进乳酸菌等耐酸菌的大量繁殖，使之保持优势菌的地位，而大肠杆菌等外来菌则不能适应酸性环境，并受到乳酸菌等的“排挤”而不能定植存活，因此可以降低动物病理性腹泻的发生率。酸化剂还能帮助机体调整免疫系统反应，增强家禽的抗病力。目前国内外应用的酸化剂总的来说可分为单一酸化剂（包括有机酸化剂和无机酸化剂）与复合酸化剂两大类。其中，有机酸化剂主要有柠檬酸、延胡索酸、乳酸、丙酸、苹果酸、戊酮酸、山梨酸、甲酸、乙酸等及其盐类，使用最广泛且效果较好的是柠檬酸、延胡索酸和甲酸钙。无机酸化剂包括强酸（如盐酸、硫酸）和弱酸（如磷酸），其酸性较有机酸化剂强，虽然它们的成本较低，但其使用效果较差。复合酸化剂是利用几种特定的有机酸和无机酸复合而成。许多试验表明，复合酸化剂的应用效果大于柠檬酸，大于延胡索酸。研究表明复合酸化剂可以显著提高断奶仔猪的日增重和饲料转化率，并显著促进仔猪消化器官的发育。多数研究者认为，在仔猪早期断奶(3～5周龄断奶)后的头1～2周内饲粮酸化处理喂养效果明显，其通常添加量为0.5%～3%。

f.使用除臭剂。现用商品除臭剂，一种是从丝兰属植物中萃取的丝兰提取物，它具有独特的固氮能力，对减少粪尿臭味、降低氨气等有害气体浓度，改善饲养环境有着重要的作用。A1-Bar等在日粮中添加125mg/kg丝兰属提取物，6周后发现，鸡舍内氨气浓度下降了68.5%。另一种是沸石。沸石是一种天然的除臭剂，它具有极强的静电吸附能力，对动物消化道内的氨气、硫化氢等有毒、有害气体及铜、铅等重金属均有较强的吸附作用。据报道，生长猪日粮中添加5%的沸石粉，不仅能提高猪的生长性能，而且能使猪排泄物中的氨气下降21%。

g.应用中药添加剂。中药添加剂是指在中兽医药理论指导下，将植物、动物和矿物性天然活性物质添加于饲料中。中药添加剂具有抗病助长、无残留、无污染等特点，因中药种类的不同可分为理气消食助脾健胃类、补气壮阳养血滋阴类、扶正祛邪驱虫消积防治病虫类，对畜禽能起到增进食欲、促进生长、增强免疫功能，提高生产性能、减少排泄物的作用。

h.不使用高铜、高锌日粮。高铜、高锌日粮对畜禽，尤其对猪有显著的促进生长和防止腹泻等效果。但长期使用这类饲料，铜、锌排出体外，对生态环境是一种潜在的污染，是一种以牺牲环境质量为代价换取生产一时发展的做法。

3.优化工艺设计，减少粪污排放

（1）采用“干清粪”工艺，实行干湿分离

畜禽规模养殖的清粪工艺目前主要有水冲粪、水泡粪、干清粪3种。

水冲粪的方法是粪尿污水混合进入缝隙地板下的粪沟，每天数次从沟端的水喷头放水冲洗，使粪水顺沟流入粪便主干沟，进入地下贮粪池或用泵抽吸到地面储粪池。水冲粪后续粪污处理工艺需进行固液分离，一般可采用螺旋式固液分离机进行操作。这种处理方式的优点是环境清洁、劳动强度小、效率高，缺点是耗水量大，粪污后续处理投资大、动力消耗大。

水泡粪工艺是在水冲粪工艺基础上改造而来的，方法是在畜禽舍的排粪沟中注入一定量的水，粪尿、冲洗和饲养管理用水一起排放到缝隙地板下的粪沟中，储存一定时间后(一般为1～2个月)，待粪沟装满后，打开出口的门，将沟中粪水排出，使粪水顺粪沟流入粪便主干沟，进入地下储粪池或用泵抽吸到地面储粪池。这种方法比水冲粪的方法省水，但缺点是由于粪便长时间在猪舍中停留，形成厌氧发酵，臭气散发严重，而且粪污需要后处理，情

况与水冲粪类似，投资大、动力消耗大。

干清粪工艺是目前粪污处理的最佳方法，干清粪工艺的具体做法是：在畜禽舍缝隙地板下设斜坡，使固液分离，分别清除，从而达到粪便和污水在畜禽舍内自动分离，干粪由机械或人工收集、清除，尿及污水从下水道流出，进入污水收集系统，再分别进行处理。干清粪工艺分为人工清粪和机械清粪两种。人工清粪只需要一些清扫工具、人工清粪车等，设备简单，一次性投资少，缺点是劳动强度较大，生产率低。机械清粪有刮铲式和刮板清粪两种，一般采用刮板式清粪机。刮板式清粪机有两种形式，一种为单向闭合回转的刮板链，适用于双列对头式饲养猪舍，粪沟为无漏缝地板的明沟，刮粪板可将粪便一直刮到舍外集粪池，进一步进行处理。另一种为步进式往复循环刮板清粪机，它既可用于地面浅沟刮粪，也可用于漏缝地板的深沟刮粪，这种清粪机多用钢索牵引，由驱动装置、滑轮、刮板及电控装置构成。机械清粪处理的优点是节约用水，比传统的水冲粪和水泡粪工艺可以分别减少畜禽舍的污水排放量60%～70%和40%～50%，并显著减少污水中的BOD_5、COD_{cr}和SS含量，而且可减少粪污后处理费用，清理较彻底，连粪渣也能收集起来，使用效果较好。

（2）建立独立的雨水收集管网系统和污水收集管网系统，实现雨污分离

雨污分离在一般畜禽场基本都能做到。单独设立雨水沟，一改尿液、雨水混在一起处理的局面，把尿液沟设置在房舍内，通过尿液收集系统流入污水槽，雨水则通过独立的雨水收集系统收集待用或流入下水道。通过雨污分离可以减少养殖场的污水量10%～15%。

4. 改进饲喂模式，有效减少粪污产生量

正确的饲喂模式应是一种尽量减少饲料浪费并改善饲料利用率的简便方法。宁波市畜牧工程技术研究服务中心王伟国等人的试验表明，通过对饮水系统和饲槽设计的改进，可以减少污水排放总量30%以上。

（1）改进饮水系统，减少污水产生量

饮水器类型对污水排放量影响比较大，杯状饮水器比乳头式饮水器可节约耗水量5%～10%，同时产生的粪水也会减少5%左右。通过对饮水器进行定时检修，实行全进全出的饲养方式，在畜禽出栏后进栏前进行全面的清洗消毒，不仅可以减少水的浪费，还可减少污水处理量和病菌传播。

另外，饮水器的水流速度和安装的高度要符合畜禽的采食习惯，否则就会造成不必要的水资源浪费，并增加污水处理负担。以猪场为例，其饮水器的设计可参考下列推荐数据：

①饮水器最佳的水流速率与安装高度：可采用表5-1和表5-2所列的，由英国国际猪网推荐的饮水器最佳的水流速率和饮水器（乳头式）安装高度参数。

表 5-1　饮水器最佳水流速率

	哺乳仔猪	断奶仔猪	生长猪（30kg）	育肥猪（70kg）	成年猪	泌乳母猪
水流量（L/min）	0.3	0.7	1.0	1.5	1.2～2.0	1.5～2.0

表 5-2　乳头式饮水器安装高度

活猪体重（kg）	< 5.5	5.5～15	15～35	35～45	45～110	>110
安装高度（mm）	100～130	130～300	300～460	460～610	610～760	760～910

②饮水器数量:每栏至少有2个饮水点,每10头猪必须具备有1个乳头饮水器;30cm长饮水槽可以供40头15kg生长猪、30头35kg生长猪、25头90kg育肥猪的饮水需求;每一个杯状饮水器可以供16头育肥猪饮水。

（2）改干式饲喂为干湿饲喂方式

干式饲喂方式畜禽饮水量大幅度增加,导致大量的粪尿排放。而采用干湿饲喂,可大幅度减少粪水的产生量。所有的干湿喂饲槽都可减少水的撒泼,使粪水产生量减少20%～30%。

三、无害化原则

粪污无害化是指粪尿中含有大量的有机物、恶臭及致病微生物,通过环境工程等手段,使这些污染物得到无害化处理,在达到环境许可的条件后,排入周围环境,不对环境造成破坏。微生物菌种分解粪便污染物,它利用其生长繁殖活动对粪便中可利用的大分子有机化合物进行生物降解并转化为菌体生物量,竞争性的抑制并杀死粪便中的病原性微生物。

通过各种技术手段或社会分工协作,对收集的粪污无害化处理,可减少或消除粪污的环境污染。同时进行粪污处理时,会带来一些附加的经济效益如回收了粪污中的有用成分用于制药、制肥或回收水资源等。

畜禽粪便污染的治理不管运用什么手段，处理过程如何，最终达到什么目标，都必须符合“无害化”的要求，使之在处理过程与利用时不会对牲畜的健康生长产生不良影响，不会对作物产生不利的因素，排放的污水和粪便不会对人的饮用水构成危害。

解决畜禽养殖业污染的根本出路是确立经济可持续发展的思想，发展生态型畜牧业，将整个畜禽养殖业纳入大农业、实现种养结合或渔牧结合，全盘规划、以地控畜，以农养牧，以牧促农，实现系统生态平衡，并在畜禽粪污治理上实现就地吸收、消纳，降低污染，净化环境。畜禽粪污的无害化生态化处理有以下重要意义：

①可以净化养殖环境，创立符合生态化要求的生态养殖小区，保障动物福利，实现动物与自然的和谐，有效地促进畜禽业自身持续健康发展。

②可以减少或消除畜禽粪污的无序排放所造成的水体污染、空气污染、土壤污染、疫病流行的种种恶果，使养殖环境符合循环经济“减量化、再利用、资源化”的要求。

③可以变害为宝，使畜禽粪污成为可再生利用的肥料资源、饲料资源、燃料资源，减轻养殖成本，提高经济效益。

④可以改变农村的脏、乱、差状况，畜禽粪污乱堆乱排现象，阻隔口蹄疫、禽流感等人畜共患疫病对农村居民的威胁，形成有效的防疫屏障，有助于推进建设村容整洁、乡俗文明的新农村。

⑤有助于攻克“疫病、农药残留、动物福利”畜禽产品的三大国际贸易绿色壁垒，发展绿色有机食品，提升中国畜禽产品的国际竞争力。

四、防控主要途径

畜禽粪便的治理和科学利用是一项复杂的系统工程，必须从产前、产中、产后各个环节，实行全程控制，系统治理，综合利用。

1. 产前控制

（1）加强立法与管理，增强养殖环保意识

畜禽粪污环境污染的根源之一，就是没有建立相应的法规，缺乏管理，以及养殖环境保

护意识不强。因此，应积极贯彻国家有关环境保护、食品安全、清洁生产的法律法规、标准、制度，如《环境保护法》《水污染防治法》《大气污染防治法》《畜禽养殖污染防治管理办法》《畜禽养殖污染物排放标准》《畜禽养殖业环境管理技术规范》《中华人民共和国清洁生产促进法》等。加强相关法律法规的宣传和落实工作，加强相关知识的教育、培训、普及工作，强化人们的法制观念、环境意识、健康知识，并依靠相关法律法规，对养殖企业实行排污许可制度，加大监管力度，把清洁生产的思想贯穿到畜牧业生产中去、农业生产中去、农业企业中去，努力营造一种推进畜牧业清洁生产良好的社会氛围。

（2）积极培植、发展生态型畜牧场、小区或“综合农业”系统

随着产业结构的调整和畜牧业的进一步发展，畜禽养殖规模化程度将会越来越高，应根据总量控制，农牧结合、种养平衡的原则积极培植、发展生态型畜牧场、小区或“综合农业”系统，对疫病的防治、最大限度地减少畜禽养殖的污染。生态养殖小区应有适当规模，要合理控制单位面积畜禽饲养数量。小规模、分散经营不仅不利于提高经济效益，而且还会扩大污染面，加大治理难度。但规模过大也会影响生产，给环境造成过重的负担。

（3）搞好环境绿化，净化空气

畜禽舍周围种植花草树木，如瓜果和藤本植物，对保护环境、改善生态环境有着重要作用。有害气体如氮、硫化氢、二氧化碳、氟化氢等以及空气中大量灰尘、粉尘经过绿色植物可被滞留净化25%左右；有些植物还能分泌芳香物质，杀灭畜禽废弃物释放的细菌和真菌；有些植物对铅、汞等金属元素有一定的吸收能力。

2. 产中控制

产中控制主要是通过科学饲养和管理降低畜禽排泄物的污染。主要措施有：

①改进饲养方式，改传统的饲养方式为工厂化分阶段饲养、全进全出的饲养方式。

②推进干湿分离、雨污分流，合理冲洗圈舍，从设施和工艺上尽可能减少污水浓度和排放量，加快建设以沼气为纽带的能源生态工程，实现规模化畜禽养殖废弃物的减量化、无害化和资源化。

③针对不同的畜禽圈舍，采取不同的冲洗方法，避免用水过多，形成大量的液态水粪，增加养殖场排污负荷。

④通过营养调控降低畜禽排泄物的污染。为获得高生产，而给畜禽提供过多营养是造成环境污染的主要原因之一。对此，要采用优良品种，积极利用动物营养生态学原理，科学饲养，改善饲料结构，对饲料原料的选购、配方设计、加工饲喂等过程进行严格的质量控制，通过营养调控使饲料达到低成本、高效益、低污染，最大限度地提高动物对营养物质的消化

率和利用率；要在畜禽养殖中从源头控制氮、磷、重金属等元素的排放量，保护水体和土壤免受污染，同时减少有毒有害物质在畜禽产品中的残留，如采用“理想蛋白质模式”降低氮的排泄；应用植酸酶降低磷的排泄;应用有机微量元素降低矿物微量元素的用量，减轻其污染；利用生物酶制剂、微生物制剂、中草药制剂、寡聚糖、糖菇剂、甜菜碱、生物活性制剂等来替代抗生素，利用畜禽防菌剂来减轻或消除臭味污染等。

⑤改善畜禽养殖业的饮水方式和粪便收集方式。采取清污分流和粪尿的干湿分离等措施，实现清洁养殖，改善畜禽养殖场的生产环境，减少畜禽的死亡率；限制畜禽用水额度，尽量节省资源，减少对地表水和地下水的污染，提高水资源的重复利用率；设置建立畜禽废物链的储存设施，防止畜禽废渣渗漏、散落、溢流、雨水淋失等污染防治措施。

3. 产后处理

畜禽养殖业污染严重，治理工程投资大，风险大，因此不能像工业污水、生活污水防治那样，走单纯治理的路子。必须针对畜禽粪尿的特性，遵循综合利用优先，减量化、无害化、生态化、资源化的原则，通过充分发挥和利用废弃物的肥力、能量资源，开拓一条资源开发和废弃物处置相结合的道路。

DI-LIU ZHANG
GUIMOHUA CHUQIN YANGZHI
FENWU CHULI JISHU

第六章
规模化畜禽养殖粪污处理技术

一、干燥技术

畜禽粪便的干燥处理技术是无害化处理技术之一。据测定，非填料或非冲洗粪便的含水量一般为60%~85%，干燥处理法利用燃料、太阳能、风能等，除去家畜粪中的水分，使含水率降低到可以进行堆积发酵的程度（55%），便于作进一步储藏、加工、运输。不同畜禽粪便的处理方法也不同，如日光—风能干燥、高温快速干燥、烘干膨化干燥、生物干燥及机械脱水干燥等。依据干燥处理所采用的方法分类，现有的干燥处理技术可以分为物理方法、化学方法和生物方法。物理方法的主要手段为沉淀、离心、过滤或过筛、冷冻、直接烘干与焚烧等；化学方法主要是絮凝法，生物干燥法是近年兴起的一类干燥技术，由于具有成本低、粪便处理过程中作物养分损失少，且可以将除臭与干燥相结合等优点，更为各国研究工作者所重视。这些干燥方法各有其优缺点。

1. 日光—风能干燥

具体方法是将粪便摊在塑料大棚内，利用日光加热并强制通风排湿，塑料大棚干燥，其蒸发能力夏天可达到4.5~5.00t/($m^2\cdot d$)，冬季为1.5~2.00t/($m^2\cdot d$)。据此，可以按粪便的含水量和被干燥的蒸发量，简单地计算出必需的大棚面积。该方法具有投资小、易操作、成本低等优点，但处理规模较小，土地占用量大，受气候条件影响大，阴雨天气难以晒干脱水，干燥时易产生臭味，氨挥发严重，干燥时间较长，肥效较低，可能产生病源微生物与杂草种子的危害等问题，不能作为规模化畜禽养殖场粪污的主要处理技术。但如改用大棚内设专用发酵槽，槽底铺设通风管道，强制通风增氧，再加上机械设备翻堆，促使粪便发酵脱水，虽增加了投入成本，但却排除了天气影响，且干燥时间较短，较适宜我国采用。

2. 高温快速干燥

采用煤、重油或微波（超高频）电场产生的能源进行人工干燥的方法。干燥需用干燥机，我国大多采用回转式滚筒式干燥机。鸡粪中含水量为70%~75%，经过滚筒干燥，在短时间内受到500~550℃或更高温度的作用，鸡粪中的水分可降低到18%以下。其优点是不受天气影响，能大批量生产，干燥快速，可同时达到去臭、灭菌等效果，但存在一次性投资较大，煤、电等能耗较大，处理时产生的恶臭气体等副产物的再处理成本较高，使该项技术推广应用困难重重。

3. 烘干膨化干燥

利用热效应和喷放机械效应两个方面的作用，使畜禽粪达到除臭、杀菌灭(虫)卵，符合卫生防疫和商品肥料、商品饲料的要求。由农业部和北京市主持研发，北京市平谷峪口鸡场日处理鸡粪3t、5t、10t的自动烘干燥机已经投入应用。据报道，一个饲养10万只蛋鸡的鸡场购置的处理鸡粪的膨化烘干机，6～8个月可回收成本，鸡场每年可获纯利50万元～80万元。该方法的缺点是一次性投资较大，烘干膨化时耗能较多，特别是夏季保持鸡粪新鲜较困难，大批量处理时仍有臭气产生。处理臭气和处理产物成本较高，从而导致该项技术的应用受到限制。

4. 机械脱水

采用压榨机械、离心机械或热喷机械处理进行畜禽粪便的综合脱水装备技术。应用该类技术处理成本较高，仅能起脱水作用而不能除臭，效益甚低。

5. 生物干燥

粪便生物干燥的原理是利用堆肥过程中微生物分解有机物所产生的能量增加粪便中水分的散发，起到干燥粪便、降低粪便水分的目的。美国康奈尔大学的杰威尔(Jewell)于1984年首次提出粪便的生物干燥一词，并采用批次堆肥的方法，通过对温度、空气流速等因子的调节，确认在含水量为400g/kg,温度为60℃时，微生物降解作用最活跃。随后许多科学家对生物干燥技术的原理与方法展开了研究。理查德(Richard)等认为，堆肥的生物干燥涉及物理过程与生物过程，物理过程的影响因素包括空气的流速，从基质到对流空气中蒸汽的传导速度，进出口的温度条件以及相对湿度；生物过程中重要的影响因素是降解速率，它直接影响能量的释放，而它本身又是温度、湿度以及氧分压的函数。在对粪便堆肥化生物干燥技术进行理论研究的同时，许多科学家对堆肥技术进行了研究并做了改进，肖尔(Chol)等在前人批次堆肥工作的基础上提出了连续批次或半连续堆肥技术，并为此设计与制造了能完全混合的有氧生物反应器。利用这一试验设备进行了半连续堆肥生物干燥技术研究，在为期6d的试验中，除了一开始添加少量的木屑外，此后未再加其他填充料，隔天加一次鸡粪，一天可使鸡粪含水量由700g/kg下降到620g/kg。此外，保罗(Paul)和巴顿(Barton)采用混合、强制通风等技术，用火鸡粪垫料与木屑为填充料对猪粪尿进行连续添加堆肥处理，在冬天，3个月消耗2.5t火鸡粪垫料与木屑，可以蒸发4.3t水分。帕特尼(Patni)和金斯曼(Kinsman)用水泵连续将猪粪尿加到2770kg秸秆，在深秋堆置2个月，蒸发5182kg水分。

我国利用堆肥技术在处置与干燥污泥方面曾做过一些研究工作，但利用生物干燥技术进行畜禽粪便处理的试验研究还刚刚开始。初步试验结果表明，采用批次堆肥方法，20d可以使猪粪含水量由700g/kg下降到550g/kg以下。陈天荣等研制开发了一种鸡粪发酵干燥处理成套设备，利用该设备通过生物发酵处理25～35d，可以使鸡粪含水量由650g/kg下降到200g/kg以下。

二、生物与生态学工程技术

家畜粪尿堆肥处理过程中会产生大量的臭气，并且臭气成分复杂，主要含有氨、含硫化物、胺类和一些低级脂肪酸类等19种化学物质，其中来自畜禽养殖或粪尿处理场的臭气中最主要成分是NH_2和H_2S。

世界各国对畜禽粪便除臭的研究工作主要集中在两个方向。

第一个方向是从饲料入手，在饲料中添加除臭的添加剂，增加饲料中蛋白质的消化吸收以减少臭气排放。可以分为四种不同手段，一是调节饲料中氨基酸的平衡，这方面欧洲国家做了大量的工作。二是提高蛋白质消化率。在美国北卡州，研究人员通过改进饲料的加工方法或添加蛋白酶等手段达到提高饲料中蛋白质消化率的目的。三是在饲料中添加臭气吸附剂，目前应用的主要有硅石、膨润土等吸附剂。四是添加酶、微生物等产品。

第二个方向是控制动物排泄后粪便臭味。畜禽养殖场或粪尿处理场所采用的除臭方法有很多，例如可以使用遮蔽剂、中和剂、吸附剂等，也可用空气稀释及臭氧氧化。这些方法在不同畜禽养殖场均有应用。但是目前最为经济有效和最常用的方法是生物除臭法。

生物除臭法是利用微生物来分解、转化臭气成分以达到除臭目的，因此也叫微生物除臭法。生物除臭法中有土壤除臭法、珍珠岩棉除臭法、堆肥除臭法、活性污泥除臭法、泥炭土除臭法和锯末除臭法等，目标是要尽可能地利用养分和能源，减少或消除环境污染物的排放，因此其处理方法一般均为多种方法的组合，且以生物法为主。

①生物技术法：生物技术是近年研究较多、应用较广泛的一种畜禽粪便处理方法，可分为发酵法和低等动物处理法两种。

a.发酵法具有省燃料、成本低、发酵产物生物活性强、肥效高、易于推广的特点。可同时达到去臭、灭菌的目的，但所用时间较长。发酵可分为厌气池、好氧氧化池与堆肥三种方法。

b.低等动物处理畜禽粪有机废弃物采用北京家蝇、大平1号蚯蚓和褐云玛瑙蜗牛等低等动物,分别喂食畜禽粪、烂残菜叶、瓜果皮、生活垃圾等有机废弃物,通过封闭式培育蝇蛆,立体套养蚯蚓、玛瑙蜗牛,达到处理畜禽类、生活垃圾的目的,在提供动物蛋白饲料的同时,提供优质有机肥。该方法经济、生态效益显著,但由于前期畜禽粪便灭菌、脱水处理和后期收蝇蛆、饲喂蚯蚓、蜗牛的技术难度大,加之所需温度较高而难以全年生产,故尚未得到大范围的推广应用,随着有关技术的解决,预计该项技术具有良好发展前景。

②热喷技术:利用热效应和喷放机械,使畜禽粪便转变为鸡朊粉,生产高蛋白饲料,既除臭又能彻底杀菌灭虫卵,达到卫生防疫和商品饲料的要求。

③其他处理措施:如垫圈材料、发酵床等将畜禽粪的脱水除臭在畜禽舍中一次性完成,减少了畜禽粪的处理难度,但由于它增加了畜禽粪便处理的量,且使畜禽粪的肥效成分含量降低,从而影响其推广利用。

此外,各国专家也已开展了一些用物理方法进行除臭的探索性工作,如:美国密苏里大学的菲利普·古德里奇(Philip Goodrih)用脉冲电磁装置处理粪便,利用其装置产生的脉冲电磁有选择性地抑制一些微生物的生长,以达到减少臭味的目的。肯特·雷切尔(Kent Racher)利用电化学原理,设计制造了一种设备,在粪便中埋入3个电极,利用电极产生的电极性,去除硫化物。北卡州大学发展了一种催化转化器,利用该转化器可以在室温下转化挥发到空气中的臭气。目前江苏省农科院土肥所在除臭方面的研究主要集中在将生物除臭与吸附剂使用相结合的工作上,从现有试验结果看,筛选出的除臭剂效果良好,基本达到除臭与减少NH_3挥发损失的双重目的。

当前以资源利用最大化和污染排放最小化为主线,逐渐将清洁生产、资源综合利用、生态设计和可持续消费等融为一体的循环经济战略是实现可持续发展的重要手段。把经济活动按照自然生态系统的模式,组织成一个"资源—产品—再生资源"的物质反复循环流动的过程,使整个经济系统以及生产和消费的过程基本不产生或者只产生很少的废弃物,根本消解长期以来环境与发展之间的尖锐冲突,这就是生态工程学技术。遵循生态学原理,通过食物链建立生态工程处理系统,以农牧结合、渔牧结合、农牧渔果结合等多种方式建立鱼、果、蔬、粮并举的生态畜牧(农)场,是最适合解决畜牧业污染问题的一条经济有效的途径。将生态工程学技术应用于畜禽粪便的处理,一方面使畜禽排放污染物得以有效利用,减少或防止环境污染;另一方面,通过多种措施变废为宝,真正实现经济发展和环境保护的双赢。因此,将生态工程学技术应用于畜禽粪便的资源化利用是实现可持续发展的有效措施。

三、化学技术

利用化学药物消毒畜禽粪污、杀灭病原微生物的方法称为化学消毒法。化学消毒法的优点是操作简单、灵活，处理面积大，但容易引起二次污染。畜禽粪便污染物有大量的大肠菌群、蛔虫卵、细菌、病毒及其他有害微生物种群，对粪便进行无害化处理时必须对这些微生物进行有效的无害化处理，以达到保护环境和人体健康的目的。常用的消毒技术有以下三种。

1. 厌氧消毒

厌氧消毒就是利用厌氧反应中厌氧菌生长、繁殖过程中或无氧呼吸所产生的热量杀死病原微生物或使一些有毒有害物质降解，失去或降低生理毒性的消化过程，畜禽粪便沼气工程、厌氧堆肥技术均属于厌氧消毒。目前采用的厌氧消化与多级沉淀系统处理畜禽粪便，既可杀死粪便中的病原微生物，又能转化成植物营养素，而且在处理后的废水中查不出活虫卵，出水的COD_{cr}、BOD_5降解率高，出水可以达到农用灌溉水质或国家粪便无害化标准。

2. 紫外消毒

紫外线简称UV，为位于光谱中紫色光之外的不可见光，是一种高能量的光软子束，波长在10~400nm波段的光线。根据波长可将UV线分为A波、B波、C波。消毒灭菌使用的紫外线多为C波，研究表明：波长260nm紫外线直接照射污水时，其光粒子可以直接穿透各种细菌、病毒和其他病原体的DNA组织结构，使其立即死亡或丧失繁殖能力，有效距离在2m以内时30～60min就能达到灭菌效果。

3. 化学消毒

化学消毒要通过化学消毒剂来达到消毒的目的，通过直接加入氧化性物质，如O_3氧化消除臭气，但运行成本偏高，在实践中无法大规模运用，而且操作时带有一定的危险性，必须谨慎小心，同时需要注意环境阈值，避免发生人体危害。化学消毒剂按形态可分为液体消毒剂、固体消毒剂和气体消毒剂三大类；从杀菌消毒的作用效果上大致可分为高效消毒剂、中效消毒剂、低效消毒剂三种。

（1）高效消毒剂

高效消毒剂又称灭菌剂，主要用于杀灭各种细菌、细菌芽孢、真菌及病毒。常用的高效消毒剂有过氧化物类（过碱乙酸、过氧化氢、臭氧等）、醛类（中醛、戊二醛）、环氧乙烷、含氯消毒剂（有机氯类、无机氯类）等。

（2）中效消毒剂

中效消毒剂是指能杀灭细菌繁殖体、真菌和病毒，但不能杀灭细菌芽孢一类的消毒剂，如乙醇、醛类等。

（3）低效消毒剂

低效消毒剂是指只能杀灭部分细菌繁殖体、真菌和病毒，但不能杀灭结核杆菌、细菌芽孢和抗力较强的真菌和病毒的一类消毒剂。

四、堆肥技术

好氧堆肥法是把农业有机废弃物处理成再生利用资源的一种有效办法，具有发酵周期短、有机物分解彻底等优点。近年来，随着堆料和制造工业的多元化发展，堆肥工艺逐渐趋于工业化，连续式（或称装置式）堆肥法得到了广泛应用。连续式堆肥按其装置形式可分立式堆肥发酵塔、卧式堆肥发酵滚筒、筒仓式堆肥发酵仓，垛堆式发酵槽等。如日本和韩国采用机械方式翻堆并接种发酵菌剂进行好氧高温发酵，处理畜禽粪便，并已取得理想效果。我国湖北、北京、上海、杭州、宁波等地相继开展有机肥生物发酵菌株选育和生产工艺等研究工作已经取得成效，并在堆肥过程的控制参数、配套机械装置应用及堆肥产品的腐熟指标研究等方面获得大量试验成果，部分研究结果开始生产试用，尤其是新近开发研制的适合我国养殖业肥料生产的“自动平移转位”堆肥发酵快速旋挖翻混机械装备，与转位架配套后可使堆肥生产由单槽变为多槽式发酵，其翻混机的翻混部件为向上旋挖后抛式，直槽轨道自动行走，通过与转位架有机结合后可在不同发酵槽之间无需通过吊车而任意换槽翻堆，实现了一机多槽使用。翻混堆肥均匀，发酵升温快，脱水干燥效果好。与人工翻混比较，可提高效率60～80倍，不仅大大减轻生产工人的劳动强度，而且大幅度节约成本，其整体翻混效率可达每小时250～300m^3，耗电量仅15kW·h。

1. 堆肥化基本概念

堆肥化是畜禽粪污无害化处理的一种方法。所谓堆肥化，就是指在人工控制下，在一定湿度、温度、碳氮比和通风条件下，利用自然界分布的细菌、放线菌、真菌等微生物的发酵作用，人为地促进可生物降解的畜禽粪污向稳定性的腐殖质生化转化的微生物学过程。在堆肥化过程中，伴随着有机物分解成腐殖质形成的过程，堆肥材料的重量和体积也发生着明显的变化，通常由于碳素等挥发性成分的分解变化，重量和体积均会减少1/2左右。

堆肥化系统有3种分类方法，按需氧程度可分为好氧堆肥和厌氧堆肥；按温度分，有中温堆肥和高温堆肥；按技术分，有露天堆肥和机械密封堆肥。习惯上都按好氧堆肥和厌氧堆肥区分，从具体手段上又可分为条垛式堆肥法、槽式堆肥法、翻堆塔堆肥法、袋装堆肥发酵法。现在大部分地区推广较多的发酵床养殖技术，均为好氧堆肥，好氧堆肥具有温度高、基质分解比较彻底、堆制周期短、异味小、可以大规模采用机械化处理等优点。

2. 好氧堆肥的生物作用过程

典型的好氧堆肥过程包括矿化和生物转化，即微生物利用氧气将大分子有机物分解为小分子有机物（如腐殖质），并放出CO_2、NH_3、NO、H_2O等小分子无机物及能量，同时利用部分分解物质合成生物机体。图6-1可以简单说明这个过程。畜禽粪便好氧堆肥的过程可分为升温期、高温期、熟化期三个阶段。

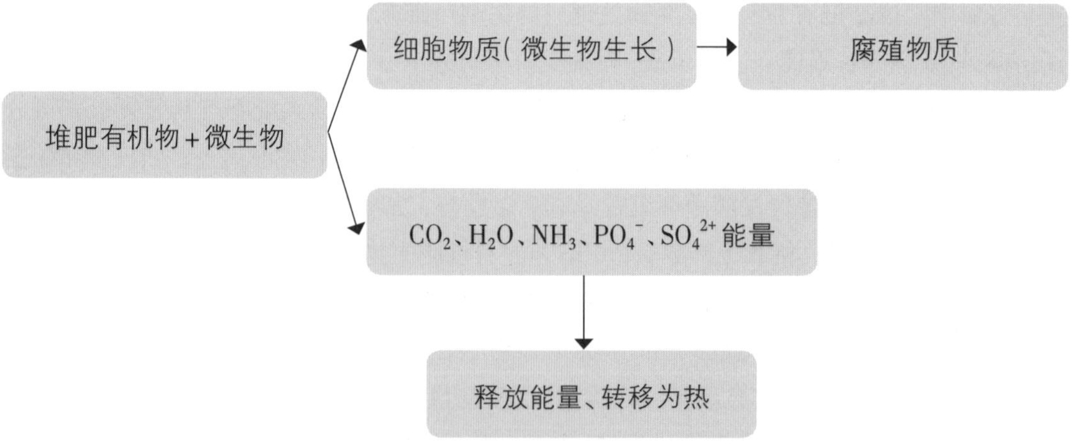

图6-1 堆肥化过程

（1）升温期

在发酵之前，堆肥原料中就存在各种有害的、无害的菌类，当温度和其他条件适宜时，各类微生物开始繁殖，当温度升到25℃时，中温性微生物菌类进入旺盛的繁殖期，开始对有机物进行分解，经20h就能升到50℃。在升温期，以芽孢菌和霉菌等嗜温好氧微生物为主的菌类，迅速分解粪便中的淀粉、糖类等易分解物质，同时不断地释放出热量，使堆温不断升高。

（2）高温期

当堆温升高到60～70℃时，堆肥进入高温期，这时高温菌代替了常温菌成为优势菌种，而且高温加速了粪便中的蛋白质、脂肪及复杂的碳水化合物如纤维素、半纤维素等的分解，腐殖质开始形成。当温度升高到70℃以上时，大量的嗜热菌死亡或进入休眠状态，在各种酶的作用下，有机质继续分解，热量会因微生物的死亡、酶的活动消退而逐渐降低，温度低于70℃时，休眠的微生物又重新活跃起来并产生新的热量，经过几次反复保持70℃的高温水平。在此期间粪便中的虫卵和病原菌因高温被杀死。

（3）熟化期

当高温持续一段时间以后，易于分解或较易分解的有机物已大部分分解，剩下的是木质素等较难分解的有机物及新形成的腐殖质。这时微生物活动减弱、产热减少、温度逐步下降。

3. 影响好氧堆肥的主要因素

堆肥过程中微生物的活动程度直接影响堆肥周期与产品质量，因此堆肥过程中的主要影响因素就是与微生物生长有关的因素，如碳氮比、填充剂、含水率、温度、通气条件、pH等。

（1）含水率

堆肥的温度与含水率密切相关。太多的水分会使堆肥空隙率降低，并处于厌氧状态；而太低的含水率会造成生物活动减弱，使堆温难以上升。一般认为含水率控制在60%左右较好。

（2）温度

温度可以通过改变通气方式及使用翻堆的方法来进行调节，堆肥初期多种微生物无法在高温下生长，而且影响发酵的速度，温度应尽量控制在65℃以下。

（3）通气

通气有多种方法，包括主动通气（如鼓风机通气）和被动通气（如通气沟通气和翻堆等）。相对来讲，被动通气效果没有主动通气那么好，但被动通气能耗较小，目前仍在广泛使用。

试验表明，鼓风通气和通气沟通气有利于有机残体物料的迅速分解，转化成腐熟的有机肥；单一翻堆而不通气不利于有机残体物料的分解。翻堆的次数，以每隔1～2d翻堆1次为宜。特别是在无其他通风措施时，翻堆是控制通气量和温度的唯一方法，在堆温高于65℃或堆温下降时就应翻堆。

五、发酵床技术

发酵床技术实际上是好氧发酵堆肥技术的演变，它是一种无污染、零排放的有机农业技术，其技术要点是：利用周围自然环境的生物资源，即采集本地土壤中的多种有益微生物，通过对这些微生物进行培养、扩繁，形成有相当活力的微生物母种，再按一定比例将微生物母种、锯木屑以及一定量的辅助材料和活性剂混合、发酵形成有机垫料。在经过特殊设计的猪舍里，填入上述有机垫料，再将仔猪放入猪舍。猪从小到大都生活在这种有机垫料表面，猪的排泄物被有机垫料里的微生物迅速降解、消化，不再需要对猪的排泄物进行人工清理，达到零排放的目的。

1. 发酵床技术的应用和推广

发酵床养猪技术最早起始于日本民间，从1992年开始，日本鹿儿岛大学的专家教授开始对发酵床养猪技术进行系统研究，形成了较为完善的技术规范。2014年在鹿儿岛大学农学部附属农场召开了发酵床养猪技术的应用和推广观摩会，来自10多个国家的多名专家、学者和农户参加了这次会议。从此，发酵床养猪技术得到了更广泛的应用。目前，日本自然农业协会、山岸协会、鹿儿岛大学以及韩国自然农业协会都在大力推广和应用这项技术。我国江苏、福建等省也有应用。

2. 发酵床养猪技术应用效果

①可以减轻对环境的污染。采用发酵床养猪技术后，由于有机垫料里含有相当活性的

土壤微生物能够迅速有效地降解、消化猪的排泄物，不再需要对猪粪尿采用清扫排放，也不会形成大量的冲栏污水，从而没有任何废弃物排出养猪场，真正实现零排放。

②可以改善猪舍的环境，提高猪肉品质。发酵床结合特殊猪舍，使猪舍通风透气、阳光普照，温湿度均适合猪的生长，再加上运动量的增加，能够有效促进猪生长发育，可以减少药物的使用，提高猪肉品质。

③变废为宝，提高饲料利用率。在发酵制作有机垫料时，需按一定比例将锯木屑等加入，通过土壤微生物的发酵，这些配料部分转化为猪的饲料。同时，由于猪生长发育健康，饲料的转化率高，一般可以节省饲料20%～30%。

④节省成本，提高效益。由于发酵床养猪技术不需要用水冲猪舍、不需要每天清除猪粪；生猪体内外无寄生虫、无需治病；加上自动给食、自动饮水技术，可以达到节省成本的目的。一个人可饲养500～1000头生猪、100～200头母猪，可节水90%，在规模养猪场应用经济效益十分明显。

3. 制作材料

①土壤微生物：可以在不同的季节、不同的地点采集，采集到的原始菌种应放在舍内阴凉干燥处保存。

②活性剂：主要用于调节土壤微生物的活性。特别是在土壤微生物活性降低时，可以使用活性剂提高土壤微生物的活力，以加快对排泄物的降解、消化速度。

③有机垫料：主要是锯末、粉碎的玉米秆等，因其带有大量的醋酸菌，是发酵床制作过程中不可缺少的填充物质。一般木屑占90%，粉碎的玉米和少量的粗盐等占10%。一间面积为25m^{2}的猪舍，约需木屑3750kg、盐12kg、微生物原种50kg等。如果有机垫料不足，可先铺50cm深的玉米秸秆或30cm厚的稻皮，然后再铺上有机填料。为有利于发酵，有机填料少还可以加入适量酒糟、谷壳、熏炭和适量的水等并经过2～4d发酵就可以使用。

填料中食盐的作用是抑制醋酸菌的活动，防止其将乙酸进一步分解成为二氧化碳和水。食盐还有助于发酵床在恒温状态下，发酵生热。

菌种即土壤多种有益微生物的群体，是通过培养基培养出来的，混合加入发酵床的填充料后，会在稳定有益的环境中迅速繁殖。菌种对碳水化合物的需求量较大，一般又喜欢偏酸性的环境，附有大量醋酸菌的锯末等填充料正好适应有益微生物的生长。同时，畜禽排泄物又为各种微生物的生长繁殖提供了丰富的有机氮源，所以在发酵床里，各种有益微生物能不断繁殖，并在微生物的生长和繁殖过程中产生热量。加上猪的翻拱搅拌，使发酵床得以持续处于恒温状态。

4. 发酵床制作

发酵床有地上式和地下式两种。地下式发酵床先要挖坑，深90cm，坑挖好后将有机垫料放入；地上式发酵床高度为100cm左右。铺垫发酵床的顺序是先将锯屑、土、微生物原种一层一层铺好，喷上盐、水和营养液，当填料至50%时，开始调节水分，使之达到60%～65%。猪圈垫料填满后，放猪饲养。2～3个月后，猪床低层成为自然繁殖状态，中部形成白色的菌体，其温度可达到40～50℃，猪粪发酵后成为猪的饲料。

5. 建造适合发酵床饲养的猪舍

猪舍是发酵床养猪技术能否成功的重要环节。需在原建猪舍的基础上稍加改造，一般要求猪舍充分采光、通风良好。每间猪圈净面积约25m^2，可饲养肉猪15～20头。

6. 发酵床管理

发酵床管理中应注意以下几点：

①饲养密度要恰当，一般以每头猪占地1.2～1.5m^2为宜。小猪时可适当增加饲养密度。

②发酵床床面要保持一定的湿度，一般以60%左右为佳，如水分过多应打开通风口排湿；如过于干燥，可定期喷洒活性剂进行调节。

③生猪入圈前要先驱虫，防止将寄生虫带入发酵床，使猪重复感染发病。

④要密切注意生物菌的活性，及时补充微生物原种和营养液；每批猪出栏时，菌床一般要降低10cm左右，应及时补充填料。

⑤饲料投喂，不可过多，每次投喂量应控制在正常量的80%，以利于猪拱翻地面。粪尿成堆时，可挖坑掩埋。

⑥猪舍内禁止使用化学药品和抗生素类物品，防止伤害微生物，影响微生物活性。发酵菌床可以连续使用5～7年，不用清理，猪粪只需每日埋1次。

DI-QI ZHANG
GUIMOHUA CHUQIN YANGZHI
FEISHUI CHULI GONGYI

第七章
规模化畜禽养殖废水处理工艺

一、还田利用

畜禽粪便废水还田肥用是传统而经济有效的处置方法，可使畜禽粪尿不排往外界环境，达到污染物零排放。既可有效处置污染物，又能将其中有用的营养成分循环于“土壤—植物”生态系统中，该处置模式适用于远离城市且有足够农田消纳粪便污水的地区。

其主要优点有：

①污染物零排放，最大限度实现资源化，可减少化肥施用量，提高土壤肥力。

②投资省，不耗能，无需专人管理，运转费用低等。

其存在的主要问题：

①需要大量土地利用粪便废水，每万头猪场至少需7hm^{2}土地消纳粪便污水，故其受条件所限而适应性弱。

②雨季及非用肥季节必须考虑粪便污水或沼液的出路。

③存在着传播畜禽疾病和人畜共患病的危险。

④不合理的施用方式或连续过量施用会导致NO_3^-、P及重金属沉积，成为地表水和地下水污染源之一。

⑤恶臭以及降解过程所产生的氨、硫化氢等有害气体释放对大气环境构成污染威胁。鉴于畜禽粪尿污染的严重性和处理难度，英国和其他欧洲国家已开始改变饲养工艺，由水冲式清洗粪尿回归到传统的稻草或作物秸秆铺垫吸收粪尿，然后制肥还田。日本探寻10多年后，于20世纪70年代开始又大力推广粪便废水还田技术模式。经济发达的美国约90%的养殖场采用还田方法处理畜禽废弃物。

我国上海地区在治理畜禽养殖污染过程中，经过近10年的达标治理实践，又回到还田利用的综合处理模式中来。美国粪便废水还田前一般未经专门厌氧消化装置厌氧发酵，而是贮存一定时间后直接灌溉还田。由于担心传播畜禽疾病和人畜共患病，畜禽粪便废水经过生物处理之后再适度应用于农田已成为新趋势。德国等欧洲国家则将畜禽粪便废水经过中温或高温厌氧消化后再进行还田利用，以达到杀灭寄生虫卵和病原菌的目的。我国一般采用厌氧消化后再还田利用，以避免有机物浓度过高而引起的作物烂根和烧苗，同时经过厌氧发酵可回收能源，减少温室气体排放，且能杀灭部分寄生虫卵和病原微生物。国外对畜禽粪便废水还田利用的研究主要侧重于安全性评估以及减少风险的措施。我国该方面研究则主要着眼于畜禽粪便废水厌氧消化液（沼液）的正面影响即改良土壤及增产效果，而对其副作用即长期施用所产生的危害尚未引起足够重视。

二、自然处理

养猪场废水有机物和氮磷含量高，主要处理单元后的出水也难以达到出水中氮磷的含量要求，是地表水体富营养化的主要来源之一。后续工业化处理的费用昂贵，难以推广。而自然生态处理建设费用较低、运行成本低廉、无需复杂的设备、管理方便，因而常常作为后续处理单元。但也存在土地占用面积较大、处理效果易受季节、温度、日照变化的影响等缺点。

1. 人工湿地

人工湿地系统是一种由人工建造、监督和控制的，与沼泽地类似的土地处理系统。具体而言，人工湿地系统是在一定长宽比及底面坡度的洼地中，由土壤及砾石、炉渣等填料混合构建的填料床，并在床体表面种植芦苇、香蒲等耐水性好的水生植物，形成独特的植物生态环境，利用填料—微生物—植物复合生态系统过滤、吸附、沉淀、离子交换、植物吸收和微生物作用来实现对废水的高效净化。国内现在的研究方向主要集中在以湿地植物和基质筛选为主，并已经取得了一定的成效。

2. 氧化塘

氧化塘是一种利用天然的或经过人工修整的池塘处理废水的构筑物。氧化塘对废水的净化和天然水体净化类似，有机物通过水中的微生物代谢而降解。

南方地区采用氧化塘作为工艺主体进行猪场废水处理的案例较北方多。如广东某规模化养猪场日产废水量500m^3/d，采用新型厌氧—兼氧组合式氧化塘工艺。整个厌氧—兼氧—组合氧化塘出水COD_{cr}的浓度保持在3000mg/L，COD_{cr}去除率一般为70%左右，后续辅助好氧池采用活性污泥法，使COD_{cr}等进一步降解。再利用高负荷氧化塘进行废水的硝化脱氮，最后通过藻类沉降塘及生物塘出水达到排放标准要求。

但是氧化塘更经常用于厌氧、好氧系统出水的后处理。如九江流域规模化养猪场废水专项整治中，在厌氧发酵等生物除碳工艺基础上采用的水生生物氧化塘处理技术，氧化塘出水COD_{cr}低于200mg/L，氨氮浓度低于25mg/L，总磷浓度低于5mg/L，出水质达到排放标准要求。辽宁部分养殖场应用氧化塘处理猪场废水脱氮除磷效率达到90%以上。然而，氧化塘占地面积大，受季节、气温、光照等自然因素的影响，处理效果差异性较大。

三、工业化处理

规模较大、地处大城市近郊，经济发达，土地紧张，没有足够农田消纳畜禽粪污或进行仿自然处理的猪场，只能采用工业化处理模式来处理粪便废水，基本采用物理—化学处理法和生物处理法。工业化处理虽然具有占地少、适应性广、季节温度变化的影响相对较小等优点，但是也存在投资大、运行能耗高、维护管理专业性强等缺点。近十年来，工业化处理模式逐渐发展为三段式，包括固液分离阶段、厌氧阶段和好氧阶段。

1. 固液分离阶段

固液分离方法有物理方法和化学方法，物理方法包括格栅、沉淀、固液分离机等，主要用于去除废水中的机械杂质，普遍用于废水处理的前处理过程；化学方法一般在预处理或后续处理，处理效率高，操作弹性大，但需使用大量的化学药剂，易产生二次污染。

（1）物理方法

目前应用物理作用改变废水成分的处理方法，如沉降、过滤、均化、气浮等单元操作，已成为废水处理流程的基础，目前已较为成熟。国内水冲粪工艺的普遍应用使得大量悬浮物被带入废水，加重了固液分离负担。因此前处理采用常规沉淀技术和机械固液分离技术或二者综合使用，也有报道采用气浮法。机械固液分离多用挤压式固液分离机，固液分离机能大量地去除废水中的粗纤维等有机物，供生产有机肥或有机复合肥之用，同时有效地降低废水排放浓度，减轻废水达标处理系统的压力，减少废水处理工程投资。若固液分离后进行厌氧发酵，则应注意保持适度强度，以免导致沼气产量降低。采用固液分离池进行前处理易产生大量恶臭气体如NH_3、挥发性硫化物等，须加以处理。农业部结合国内规模化猪场情况，开发研制的螺旋挤压式固液分离机，悬浮物的去除率达40%左右，挤压后干物质含水率在65%～73%，完全可以达到污水的USAB处理和生产有机复合肥的工艺要求。

（2）化学方法

畜禽废水中会存在细菌和营养物质，可能将大肠细菌带入地表水和地下水。化学方法是防止其污染的一种可行办法。其技术机理为应用化学原理和化学作用将废水中的污染物成分转化为无害物质，使废水得到净化的方法，其单元操作过程有中和、沉淀、氧化和还原等。目前较为常用的方法为焚烧法和催化湿式氧化法。

焚烧法是将含有高浓度有机物的废水在高温下进行氧化分解的技术，其中的有机物生成水、二氧化碳、碳酸盐等直接排放或作为副产品，COD_{cr}的去除率可达99.99%。流化床焚烧炉技术可处理较多化工废水，如处理尼龙生产过程中的含盐废水，在能源利用、尾气中的NOx浓度控制、副产物利用等方面均能取得较好的效果。催化湿式氧化法处理高浓度有机废水是近年来开发的新技术，废水经过净化后可达到饮用水标准，而且不产生污泥，还可同时脱色、除臭及杀菌消毒。这一技术在20世纪90年代达到工业化水平。其中聚丙烯酰胺(PAM)混凝处理基本建设投资低，应用方便快捷，在养猪场废水中得到了较多应用。PAM，PAM与CaO复配或PAM与$Al_2(SO_4)_3$复配能使总的大肠菌和排泄物大肠菌减少30%～50%，降低原水中的TP和NH_3-N，有效降低COD_{cr}、BOD_5、SS和污泥比阻，提高废水的可生化性，有利于后续处理单元脱氮和除磷效果的改善。

2. 厌氧处理阶段

厌氧发酵技术主要是利用厌氧微生物以粪料中的糖和氨基酸为养分生长繁殖进行发酵。厌氧生物处理可大量除去可溶性有机物，去除率可达70%～85%，而且可杀死传染性病菌，有利于防疫。利用厌氧发酵技术，能够减少臭味和降解有机污染物，同时回收储存在有机物中的能量作为能源。目前，我国采用的厌氧工艺主要有：完全混合式厌氧反应器(CSTR)、厌氧接触法(ACP)、厌氧滤池(AF)、厌氧序批式反应器(ASBR)、厌氧复合反应器(UBF)，斜流式隧道厌氧污泥滤床(EATS)、上流式厌氧污泥床(UASB)、内循环厌氧反应器(IC)、厌氧折流板反应器(ABR)、推流式厌氧滤器(PAFR)、混合一推流厌氧消化器和两段厌氧消化等。

技术机理：将有机物在厌氧条件下消化降解。

技术特点：不需曝气所需能量；甲烷是一种产物，一种有用的终产物；剩余污泥产生量少；产生的生物污泥易于脱水；活性厌氧污泥能保存几个月；能在较高的负荷下运行。

适用范围：该技术可处理在造纸、皮革及食品等行业排出的含有大量的碳水化合物、脂肪、蛋白质、纤维素等高浓度有机废水，已取得较好的效果。

尽管厌氧生物处理能直接处理高浓度猪场废水，并能回收能源。但是，厌氧处理出水中污染物浓度仍然很高，不易降解的有机物大量残留，氮、磷的去除效果不佳，若实际条件不允许还田或自然处理，须进一步后处理。目前针对猪场废水厌氧消化液的后处理有大量研究报道，但好氧处理仍属主流选择。

邓良伟等采用内循环厌氧反应器(IC)处理猪场废水，BOD_5去除率为95.8%，SS去除率为78.5%，沼气产气率达1.5～3m^3/d。后又通过改善厌氧消化液的可生化性和培养高效脱氮菌种等措施，NH_3-N去除率达到99%，COD_{cr}去除率达98%。纯粹的厌氧处理猪场污水后，出水一般残留的COD值较高，达不到排放标准。实际应用中的厌氧处理实际上还掺杂其他处理单元。一直以来学者对各种厌氧技术研究较多，也普遍公认厌氧技术处理畜禽养殖废水有机污染物高效性的前景。

3. 好氧处理阶段

好氧处理的基本原理是利用微生物在好氧条件下分解有机物，同时合成自身细胞（活性污泥）的特性进行的处理技术。在好氧处理中可将有机物生物降解，最终被完全氧化为简单的无机物。采用好氧技术对畜禽养殖废水进行生物处理研究最多的是SBR工艺，即序批式活性污泥法。它把污水处理构筑物从空间系列转化为时间系列，在同一构筑物内进行进水、反应、沉淀、排水、闲置等。

SBR处理工艺具有流程简单，占地面积小，运行灵活，耐冲击负荷，自动化程度高，污泥浓度高，反应期存在浓度梯度，能加快反应速度，抑制污泥丝状膨胀等优点。因此，SBR工艺在难降解有机物处理应用中越来越受到重视，现在已广泛用于畜禽养殖废水处理，但单独使用SBR工艺的极少，多采用与其他工艺技术联动应用。

对于高浓度有机废水特别是养猪场废水，厌氧—好氧—自然处理组合工艺是公认的经济处理方法。如邓仕槐等采用气浮—ABR—CASS—湿地及生态塘为主体的废水处理工艺，处理后的废水COD_{cr}、氨氮、SS等指标都能达到排放标准。且该工艺耐冲击负荷能力强，剩余污泥量少，操作管理简单，运行成本低。

但是所报道的厌氧—好氧组合工艺如CSTR—SBR工艺、ASBR—SBR工艺、IC—SBR工艺、UASB—SBR工艺等处理猪场废水的效果都不甚理想，特别是好氧后处理单元猪场废水厌氧消化液的低碳氮比限制了SBR处理猪场废水脱氮除磷的效果，一般需通过补充如乙酸、乙酸钠、猪场粪便等碳源以提高SBR脱氮除磷效果。另外，通过调整工艺路线也可实现SBR工艺的碳源补给。

如邓良伟对传统的IC—SBR工艺加以改进，形成厌氧—加原水—间歇曝气工艺，将大部分畜禽养殖废水进行厌氧消化后，出水再与小部分未经厌氧消化的养殖废水混合，然后采用间歇曝气序批式反应器处理混合水，该工艺处理效果与序批式反应器直接处理工艺相同，但其水力停留时间短，污泥量少而且能回收沼气，说明该工艺颇具优势。该工艺已成功应用于诸多养殖场废水处理工程，且处理效果良好。

纵观现在国内畜禽养殖废水处理模式，仿自然处理模式应用模仿自然生态系统循环原理来消纳污染物，需要占用大量的土地，适用于规模不大、远离城镇社区的养猪场。但是随着经济的不断发展，土地资源的日益紧张，养猪场规模化发展，工业化处理模式更受到关注。因此，养猪场废水处理模式将逐渐向混合式处理模式发展，从而使得养猪场废水中的高浓度的有机物和悬浮物能够被经济有效地去除，同时也能够全面处理猪场的水、气、固三类废物并进行回收利用。

四、生化处理

利用微生物生命过程中的代谢活动，将有机物分解为简单的无机物，从而去除有机物的过程称为污水的生化处理。污水生化处理广泛使用的是好氧生物处理法。此法又可分为活性污泥法、生物膜处理法以及 A^2/O 与 A/O 处理法三类。活性污泥法本身就是一种处理单元，它有多种运行方式。生物膜处理法有生物滤池、生物转盘、生物接触氧化池及生物流化床等。

（一）活性污泥法

1. 工作原理与基本结构

活性污泥法就是利用活性污泥好氧处理有机污水的生物处理方法。它是向污水中连续鼓入空气，经过一段时间后，污水便形成一种污泥状絮凝体，即活性污泥，在显微镜下观察，可见大量的微生物。活性污泥法由曝气池、沉淀池、污泥回流和剩余污泥排除系统所组成，它通过以下几个过程完成污水净化。

（1）吸附和分解

曝气池是一个生物反应器，通过曝气设备通入空气，能使进入曝气池的污水和回流的污泥形成混合液并得到充分的搅拌而成悬浮状态。污水中的有机物首先被比表面积巨大且表面上含有多糖类黏质层的微生物吸附和粘连，这些将被去除的有机物像一种备用的食物源一样，贮存在微生物细胞的表面，数小时后，这些被微生物吸附在表面的污水有机物进入微生物细胞体内被氧化分解，使细胞获得合成新细胞所需要的能量；另一部分转化为新的DEF基因使细胞增殖。污水有机物经氧化分解处理后的最终产物为 CO_2 和 H_2O 等。当氧供应充足时，活性污泥的增长与有机物的去除是并行的。污泥增长的旺盛时期，也就是有机物去除的快速时期。

（2）凝聚、沉淀

经过曝气池处理的混合液流入沉淀池，活性污泥与污水分离，混合液中的悬浮固体在沉淀池中凝聚、沉淀。净化水流出沉淀池。沉淀池中的污泥大部分回流曝气池，称为回流污泥。从沉淀池中排除的污泥叫剩余污泥。回流污泥能使曝气池保持一定的悬浮固体浓度，也就是保持一定的微生物浓度。剩余污泥中含有大量微生物，定期或不定期排放时应进行无害化处理，防止污染环境。

2. 基本工艺流程与运行方式

活性污泥法的基本工艺流程如图7-1所示。

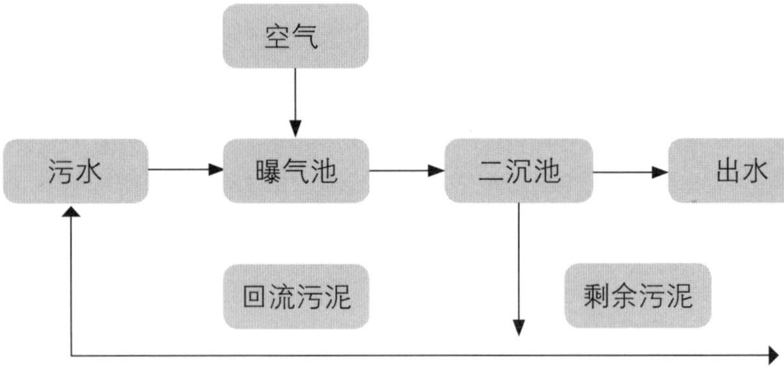

图7-1 活性污泥法基本工艺流程图

活性污泥法的运行方式很多，主要有传统活性污泥法、阶段曝气法、渐减曝气法、生物吸附法、完全混合法、延时曝气法等。各种运行方式的特征主要体现在污泥负荷范围；曝气池进水点位置；曝气池流型及混合特征等几个方面。下面介绍几种常用的运行方式。

（1）传统活性污泥法

传统活性污泥法又称普通活性污泥法，工艺流程如图7-1所示。它采用长方廊道式曝气池，进水点设在池首，污水和回流污泥从池首端流入，呈推流式至池末端流出。污水净化过程的第一阶段吸附和第二阶段的微生物代谢是在一个统一的曝气池中连续进行的，进口有机物浓度高，沿池长逐渐降低，需氧率也是沿池长逐渐降低的。随后污水即进入沉淀池，进行活性污泥与上清液的分离。回流污泥是为了使曝气池内维持足够高的活性泥微生物浓度。

曝气池中污泥浓度一般控制在2～3g/L，污水浓度高时采用较高数值。污水在曝气池中的停留时间常采用4～8h，视污水中有机物浓度而定。回流污泥量约为进水流量的25%～50%，视活性污泥的含水率而定。

普通活性污泥法的BOD_5和悬浮物去除率都很高，可达到90%～95%。适用于处理要求高而水质稳定的污水，其不足之处有：

①对水质变化的适应能力不强。

②实际需氧量前大后小，而空气的供应往往是均匀分布，这就造成前段无足够的溶解氧，后段氧的供应大大超过需要，造成氧过剩浪费。

③曝气池的容积负荷率低，曝气池容积大，占地面积大，基建费用高。

（2）阶段曝气法

阶段曝气法又称逐步负荷法。进水点设在池子前端数米处，为多点进水，工艺流程如图7-2所示。污水沿池长多点进入，使有机物负荷分布较均匀，从而均化了需氧量，避免了前段供氧不足及后段供氧过剩的缺点，提高了空气的利用效率和曝气池的工作能力。由于各个进水点的水量容易改变，阶段曝气法在运行时具有较大的灵活性，适用于大型曝气池及浓度较高的污水。实践证明，曝气池容积与普通活性污泥法相比可以缩小30%左右。

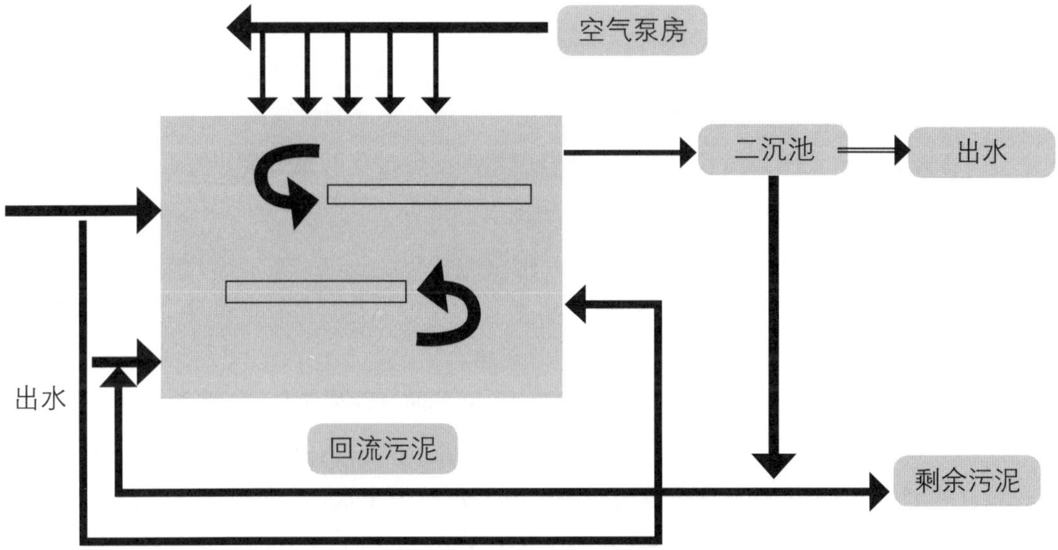

图7-2　阶段曝气法的工艺流程

（3）渐减曝气法

克服普通活性污泥法曝气池中供氧、需氧不平衡的另一个方法是将供气量沿池长方向递减，使供气量与需氧量基本一致，工艺流程如图7-3所示。

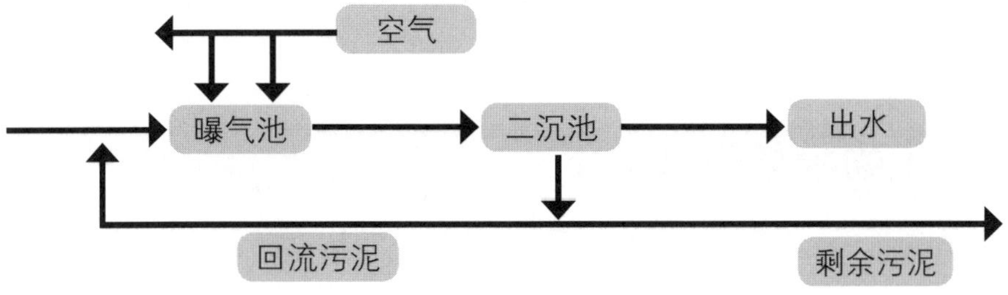

图7-3　渐减曝气法的工艺流程图

（4）生物吸附法

生物吸附法又称接触稳定法或吸附再生法，进水集中在池中央某一点，污水与活性污泥在吸附池内混合接触15～60min，使污泥吸附大部分呈悬浮、胶体状的有机物和一部分溶解性有机物，然后混合液进入二次沉淀池。回流污泥先在再生池里进行生物代谢，充分恢复活性后再进入吸附池与新进入的污水接触，并重复以上过程。吸附池和再生池在结构上可分建也可合建。合建时前部为再生段，后部为吸附段，污水由吸附段进入池内。

（5）完全混合法

完全混合法是目前采用较多的新型活性污泥法。它与传统法的区别在于，污水和回流污泥进入曝气池时，立即与池中原有混合液充分混合。完全混合法的特点是:

①有较好的承受冲击负荷的能力，能适应畜禽养殖污水的处理要求。

②处理高浓度有机污水不需稀释，可随浓度高低在一定污泥负荷率范围内适当延长曝气时间。

③在处理效果相同的情况下，污泥负荷率高于其他活性污泥法，同时，由于F/M值在池内各点几乎相等，池内需氧均匀，能节省动力费用。

④完全混合法是一种灵活的污水处理方法，可以通过改变F/M值，即通过改变单位质量活性污泥（kgMLSS）或单位体积曝气池（m^3）在单位时间（d）内所承受的有机物质(kgBOD_5)，以得到所期望的出水水质。完全混合法的缺点是连续进出水可能会产生短流、出水水质不及传统法理想、易发生污泥膨胀等。

（6）延时曝气法

延时曝气法又称完全氧化法，为长时间曝气的活性污泥法。它采用低负荷方式运行，所需池容积大。由于微生物长期处于内源呼吸阶段，此法不但可去除水中的污染物，而且也氧化了合成的细胞物质。因污泥氧化比较彻底，所以其脱水迅速且无臭气，出水稳定性较好。另外，由于池容积大，可适应进水变化，受低温影响较小。缺点是占地面积大，曝气量大，运行时曝气池内的活性污泥易产生部分老化现象而导致二沉池出水飘泥。该法适应于要求较高而又不便于污泥处理的畜禽养殖场污水的处理。

（二）生物膜处理法

生物膜处理法是污水好氧生物处理法的一种，是使污水流过生长在固定支承物表面上的生物膜，利用生物氧化作用和各相间的物质交换，降解污水中的有机污染物的方法。

生物膜处理方法主要用于从污水中去除溶解性有机污染物，比较有代表性的工艺有生物接触氧化、生物滤池、生物转盘、塔滤、生物流化床等。生物膜处理法的工艺特点主要包括:微生物附着介质表面,形成生物膜,污水同生物膜接触后,溶解有机污染物被微生物吸附转化为H_2O、CO_2、NH_3和微生物细胞质等,污水得到净化,所需氧气一般来自大气。畜禽养殖污水因含有较多的悬浮固体,所以应先用沉淀池去除大部分悬浮固体再进入滤池,在生物处理设施中,溶解有机污染物转化为生物膜,生物膜不断脱落下来,随水流入二次沉淀池被沉淀去除。此处理方法与其他生物处理方法相比,工程造价较高,但运行成本相对较低。某畜禽养殖基地生物膜处理工艺流程如图7-4所示。采用物理、生化相结合的工艺技术。实施时先由初沉池通过重力作用将污水中固形有机物去除,然后在缺氧条件(部分厌氧)下将污水中大部分有机物降解,并加快后续好氧生化反应速率,好氧活性污泥法也是工艺中去除有机物的重要单元,通过微生物对污水中污染物的吸附、分解、氧化使污水中大部分有机物得以去除,最后由滴滤池将污水中难于分解、氧化的有机物降解并达标排放。

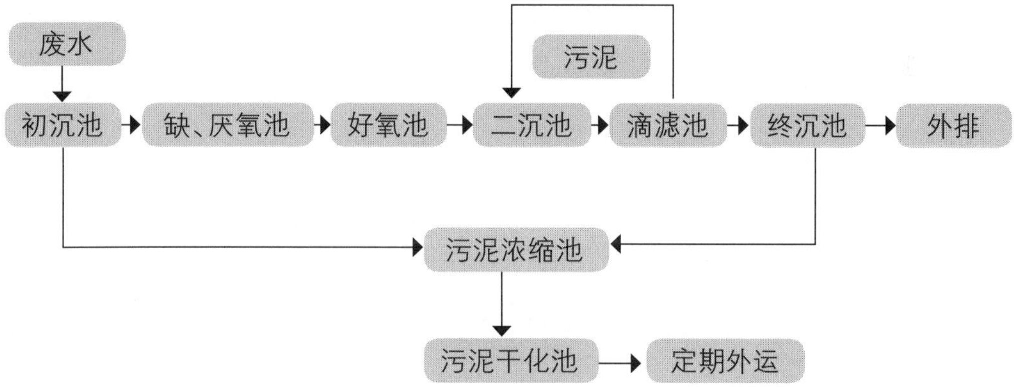

图 7-4　生物膜处理工艺流程

(三)A^2/O与A/O处理法

A^2/O是Anaerobic-Anoxic-Oxic System的缩写,既除磷又去氮的缺氧—厌氧—好氧工艺。A/O是Anoxic-Oxic的缩写,A/O工艺即厌氧—好氧脱氮工艺,是于20世纪80年代初期开创的一种前置反硝化工艺,目前研究和实际工程中应用较多,是较为简单、实用的一种生物脱氮工艺技术。

1. A^2/O 生化处理法

设计原理:采用复合式折流板厌氧反应器(HABR)与缺氧—好氧活性污泥系统构成典

型的 A^2/O 生化处理工艺，污水在该系统中经历了厌氧、缺氧和好氧三个生化过程，可同时达到除氮、磷及 BOD_5 的目的。其设计原理主要包括：HABR 是一种 ABR 反应器的改进型式，其内部是分隔成串的几个反应室，每个反应室都是一个相对独立的 UASB 系统。

技术要点：运行时，污水在折流板的作用下逐个通过反应室内的污泥床，并通过水流和所产气体的搅拌作用，使得进水中的污染底物与微生物充分接触而得以去除。A/O（缺氧—好氧活性污泥系统）采用前置反硝化生物脱氮工艺，其反应池前段为缺氧池，后段为好氧池。污水和回流污泥从缺氧池进入，通过好氧池处理的一部分硝化液（混合液）回流到缺氧池，在缺氧池内进行反硝化，将硝态氮和亚硝态氮还原为氮气。在好氧池污中的氨氮被硝化菌氧化为亚硝酸盐和硝酸盐，通过硝化后另一部分混合液经二沉池进行固液分离后排入后续处理工序，外排水质达到相关排放标准。典型工程为镇海庄市街道牧场污水处理工程（设计日处理能力 150t），其工艺流程示意图见下图 7-5。

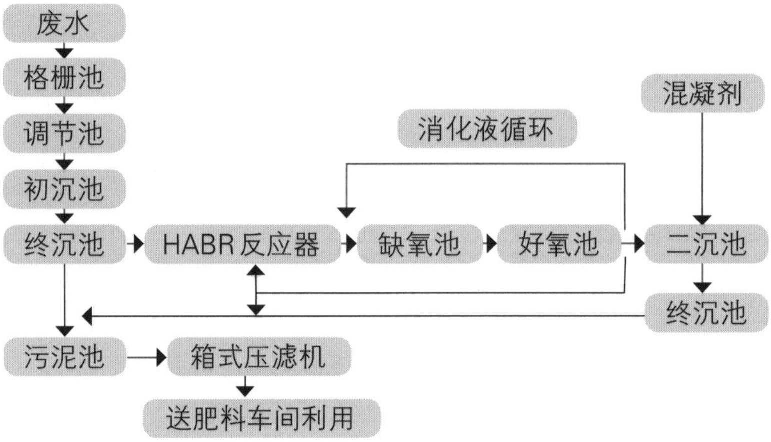

图 7-5 A^2/O 生化处理工艺流程示意图

该处理工艺所具有的特点主要有：设计简单，不需特殊的气固分离系统。

在 ABR 的各反应室内适当位置架设填料，可以利用原来的无效空间增加生物总量，并可利用填料加速污泥与气泡分离，降低污泥流失，且可长期运行不排泥。工程采用厌氧、缺氧和好氧三个生化处理工艺，处理能力高于国家规定的出水水质标准，符合当地环保行政主管部门要求，但设施投入和处理费用相对较高。

2. A/O 生化处理法

设计原理：该方法的设计原理与 A^2/O 生化处理法相似，主要根据出水水质标准要求，省去了 A^2/O 生化处理方案中的缺氧处理和二沉池两道工艺以及污水与污泥回流过程，在设施投入方面更为经济，管理更为简单。

技术要点：A/O生化处理工艺与A^2/O的不同点是：如宁波市鄞州区鄞江牧场在污水处理设施中采用气浮法净水，利用高压使水溶入大量的气体作为工作液体，在骤然减压时，释放出无数微细气泡与经过混合的水中杂质粘附在一起，使其絮体比重小于水比重而浮于液面之上，使污染物得以从污水中分离，减轻后续工艺处理压力。其工艺流程示意图如图7-6所示。

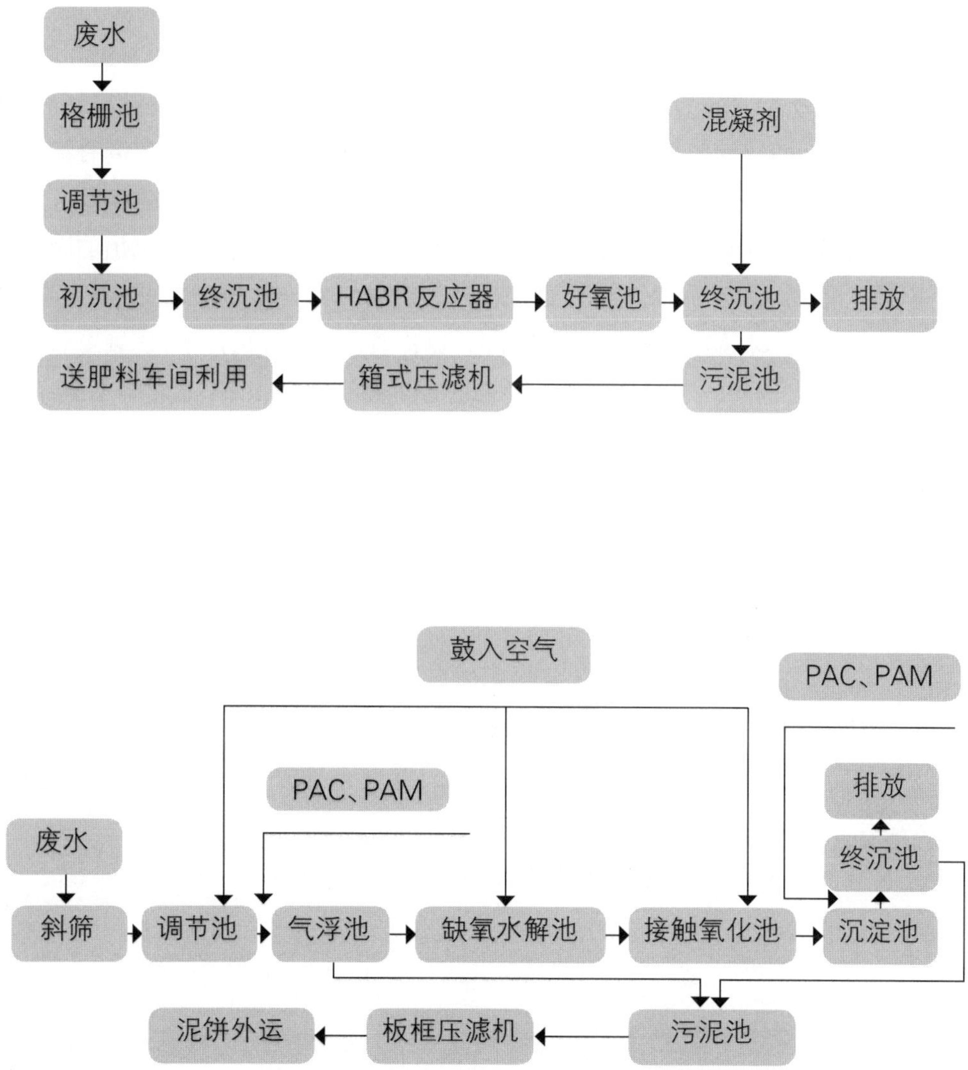

图 7-6　A/O 生化处理工艺流程示意图

五、技术展望

对于高浓度有机废水处理系统来说生物处理技术是最重要的过程之一，但要达到好的处理效果，往往是两种或三种方法同时进行处理，以进一步将废水中的难降解物质彻底降解，使之能达标排放。

随着畜禽粪便污染的加剧，国内已有部分养殖场开始利用各项技术对畜禽粪便进行减量化处理、资源化利用，但是畜禽养殖废水是一种高浓度污水，普遍采用的是单一的治理技术，粪便利用率低，遗留问题难解决。对于畜禽粪污及废水这种严重污染环境的资源，必须把现有的资源化技术在一定程度上进行组合，使畜禽粪便得到多层次的循环利用，才能有效解决养殖业的环境污染问题。例如，先对畜禽粪便进行固液分离，把分离出的固体堆肥、生产蛆或饲料，然后液体用厌氧发酵法处理，发酵后产物中，沼渣堆肥，沼气用来照明或供暖，最后，把剩余的液体再用好氧法进一步处理，这样通过固液分离技术、厌氧发酵技术、好氧技术的综合处理，既提高了对畜禽粪便处理的效果和综合利用率，又取得了良好的环境效益、经济效益和社会效益。

随着高浓度有机废水的处理技术的开发，高浓度有机废水污染的控制将会取得较好的效果。目前正在研究的绿色化学与技术的中心问题是使化学反应、工艺及其产物具有以下四个方面的特点：

第一，采用无毒、无害的原料。

第二，在无毒、无害的反应条件（溶剂、催化剂等）下进行。

第三，使化学反应具有极高的选择性，极少的副产物，甚至达到原子经济的程度，即在获取新物质的转化过程中充分利用每个原料原子，实现零排放，但同时采用的高选择性反应也要求具有一定的转化率，达到技术上经济合理。

第四，产品应是对环境无害的，将对工业生产的可持续发展产生重大影响。

DI-BA ZHANG
GUIMOHUA CHUQIN FENWU DE
ZIYUANHUA LIYONG JISHU

第八章
规模化畜禽粪污的资源化利用技术

畜禽粪便是一种有价值的资源，它包含农作物所必需的氮、磷、钾等多种营养成分，还含有75%的挥发性有机物，其中蛋白质含量为23.5%～35.8%，维生素B_{12}为7.6mg/kg（干重），经过处理后亦可作为饲料，具有很高的经济价值。若施用于农田则有助于改良土壤结构，提高土壤的有机质含量，促进农作物增产。

从表8-1中可看出，畜禽粪便中含有丰富的氮、磷、钾，这些成分是农作物生长所必需的营养物质，也是畜禽、水产饲料中的主要营养成分。因此，畜禽粪便的资源化利用具有很高的价值，充分利用畜禽粪便，不仅可在一定程度上减少资源危机和环境危机，还能带来一定的经济效益和社会效益。

表8–1 畜禽粪便主要可利用成分

种类	干物质（%）	可利用氮（kg/t）	总磷（kg/t）	总钾（kg/t）
肉鸡粪	60	10.0	25.1	18.2
蛋鸡粪	30	6.0	13.2	9.1
牛粪	7	1.0	1.3	3.6
猪粪	7	1.9	2.9	3.1

一、饲料化技术

畜禽粪便作饲料是畜禽粪便资源化利用的重要途径。早在1922年，麦克卢姆（Mclullum）就提出了以动物类粪便为饲料营养成分的观点。后来，又有一些专家就粪便饲料化问题又进行了深入和细致的研究。他们一致认为畜禽粪便中所含的氮素、矿物质、纤维素等，是能取代饲料中某些营养成分的物质。由于畜禽粪便携带病原菌，1967年美国曾限制使用畜禽粪便作饲料。加上当时畜禽粪便饲料化的环境和经济效益都不十分明显，粪便饲料化的发展受到一定限制。20世纪70年代以来，随着畜牧业和化肥工业的发展，全球性能源和粮食短缺问题的出现，畜禽粪便的饲料化又受到高度重视。

1. 畜禽粪便成分分析

畜禽粪便中含有大量的可利用的营养成分。据分析，畜禽粪便中的粗蛋白含量几乎比畜禽采食饲料中的粗蛋白含量高50%，畜禽粪便中有17种氨基酸，约占畜禽粪便总量的

8%～10%。此外还含有粗脂肪、磷、钙、镁、钠、铁、铜、锰、锌等多种营养物质。杨君瑞等(1991)测定，肉鸡和产蛋鸡的鸡粪中，粗蛋白质含量分别为13.4%～19.2%和4.83%～5.12%。每千克干鸡粪中含赖氨酸5.4g,胱氨酸1.8g，苏氨酸5.3g，并含有丰富的B族维生素，特别是维生素B_{12}(黄鹤清等，1986)。据其他学者分析，干鸡粪中的主要营养成分为:水分11.40%,粗蛋白质28.70%，尿酸6.30%，总氨基酸8.60%,粗脂肪2.35%，粗纤维13.34%,灰分26.50%,钙7.80%,磷2.20%,氧0.93%，钠0.42%，钾1.37%，铁0.20%,镁0.63%，代谢能力为1100kJ/kg，试验研究证明，每100kg干鸡粪相当于15kg麦粉精料。猪、牛粪便的营养成分也很高。据试验，猪粪中粗蛋白含量一般在23.5%左右，最高可达30%，牛粪粗蛋白含量最高可达20%。因此，将畜禽粪便经无害化处理后作为再生饲料使用有其广阔的应用前景。

2. 畜禽粪便饲料化条件

畜禽粪便是一种有害物的潜在来源，畜禽粪便中不仅常常有许多病原微生物如细菌、病毒、真菌毒素、寄生虫等，而且还有杀虫剂、药物、激素、金属物(如铜、砷)残留，如不在作饲料利用之前对畜禽粪便进行无害化处理，极易造成疾病的重复感染或中毒现象;同时由于粪便异味不易完全去除，影响动物的适口性。

1967年，美国食品卫生管理部门认为畜禽粪便饲料化不卫生，发布了一个政策性法令之后，各国学者对饲料化的安全性进行了广泛的研究，对畜禽粪便饲料化的安全性进行了重新评价，认为带有潜在病原菌的畜禽粪便经过适当处理后，再用作饲料是安全的。

试验表明:在使用鸡粪总量占日粮24%的配比下，利用鸡粪喂牛的试验组和对照组的日增重分别是1.10kg和1.07kg，日摄入的干重是6.34kg和6.61kg,饲料比和增重比分别是6.49和7.25。奶牛饲料中加入12%的干鸡粪，可提高乳产量。牛粪喂牛对照组和试验组的日增重分别是1.16kg和1.14kg,消耗的饲料是8.27kg和8.22kg,饲料比与增重比是7.38和7.77，这表明牛粪的能量比传统的口粮要低。

试验还表明，鸡粪喂牛不会影响鲜肉的等级和风味;鸡粪喂奶牛也不会影响牛乳的成分和风味;猪粪喂猪和牛粪喂牛皆不影响肉质，但是硬脂酸有所变化。畜禽粪便作为饲料利用比较理想的循环模式是:鸡粪喂猪，猪粪喂牛，牛粪施于稻田，发酵无害化的畜禽粪、沼液等培养浮游生物作水产饲料。这样，每一次循环都能基本保证动物对营养的需求。如美国的养鸡业十分发达，为了建立良好的生物食物链和加强对家禽粪的再生利用，美国东南部的一些水产养殖场，已普遍推广采用家禽粪混合饲料来喂养鱼、虾和其他贝类生物，其效果比用单纯的配合饲料好得多，饲料成本也可降低20%～30%。特别是掺有处理好的鸡粪鱼饲料入水以后，能尽快地在水中产生很多微生物和浮游生物供觅食，这对鱼、虾的增重效果特别明显。对比试验表明:用掺有鸡粪的配合饲料比普通饲料喂养的虾，在同样时期的增重率要高出1倍多;对鲤鱼、鳅鱼的增重效果也比对照组提高78%～85%。

3. 畜禽粪便饲料化主要方法

(1)用新鲜粪便直接作饲料

这种方法主要适用于鸡粪。由于鸡的肠道短，从吃进到排出约需4h，吸收不完全，所食饲料中，70%左右的营养物质未被消化吸收就排出体外。在排泄的鸡粪中，按干物质计算，粗蛋白含量为20%～30%，其中氨基酸含量不低于玉米等谷物饲料，此外还含有丰富的微量元素和一些未知成分。因此，有人利用鸡粪代替部分精料来养牛、喂猪。但是此种方法还存在一些问题，例如添加鸡粪的最佳比例尚未确定。另外，鸡粪中含有的病原微生物、寄生虫等也限制了其推广使用。但可以用一些化学药剂，如同含甲醛为37%(质量分数)的甲醛溶液进行混合，24h后就可以去除脂类、尿素、病原微生物等病菌，再饲喂牛、猪。

(2)青贮法

畜禽粪便中碳水化合物的含量低，不宜单独青贮，常和一些禾本科青饲料一起青贮。青贮的饲料具有酸香味，可以提高其适口性，同时可杀死粪便中病原微生物、寄生虫等。此法在血吸虫病流行区尤其适用。

(3)干燥法

干燥法是饲料化常用的处理方法。此种方法主要是利用热效应和喷放机械。具体方法有自然干燥、塑料大棚自然干燥、高温快速干燥、烘干法等。干燥法处理粪便的效率最高，而且设备简单、投资小。粪便经干燥后转变成鸡肮粉，可制成高蛋白饲料，这种方法既除臭又能彻底杀灭虫卵，能达到卫生防疫和商品饲料的要求。目前由于大批量处理时仍有臭气产生，需通过添加含有光合细菌的有益微生物等生物制剂进行发酵处理，有望取得较好的效果。

(4)发酵法

①普通发酵法的具体操作如下。

先按玉米粉50%、棉粕或菜粕50%、食盐0.5%的比率配成混合料，然后将混合料加入鲜鸡粪中，在混合机中混合或在地上搅拌。混合料用量应根据鲜鸡粪的含水率来进行调整，调至用手紧握能成团、轻触即散开为度，混合后原料颗粒直径应不大于1cm。

混合好的待发酵料可堆成高60cm、宽100cm的梯形，长度不限，堆积时不可踩压，让其保持松散状态。上面覆盖透气性保温材料，如草帘、麻包等。利用鸡粪中的野生菌发酵产热，温度可达55～65℃，可以杀灭绝大多数致病菌和寄生虫卵，并能利用鸡粪中的非蛋白氮转化为菌体蛋白，同时还可产生其他一些有益的成分如酶、B族维生素、抗生素等。发酵过程中如果温度下降，说明氧气已被耗尽，应在堆积36h后进行1次翻堆增氧，并将表面和底层料翻到中间，以保证发酵均匀。翻堆后24h～36h，就可将发酵料在阳光下暴晒干燥。干燥后的鸡粪发酵料粉碎后，筛除其中的鸡毛等杂质，装袋备用。发酵后的鸡粪还具有清香味。

混合好的待发酵料也可与能量饲料混合并加入一些香味剂，水果香型或谷香型的香味剂以掩盖鸡粪的不良气味，增强适口性。鸡粪的粗蛋白含量较高，但可利用能值较低，可与玉米粉、次粉等能量饲料混合，调整碳氮比以促进瘤胃微生物群落发育，有利于加快牛羊对鸡粪饲料的适应。可以考虑用40%～50%的鸡粪与50%～60%的玉米粉混合，另加入1%的食盐作为牛羊的精饲料。

制作成颗粒饲料可减少鸡粪饲料的粉尘，另外高温、高压的制粒过程有利于杀灭有害菌和寄生虫卵，并具有增香、改善风味的作用。

②两段发酵法的具体操作如下。

鸡日粮中的氮素有70%以上会随粪便排出，因此鸡粪具有很大的饲用价值。但鸡粪如果不经处理直接用作饲料，不仅适口性差，利用率低，而且由于鸡粪中含有大量病原菌，易导致不良后果。如应用多酶糖化菌，采用两段发酵法制作鸡粪的生物性饲料，不仅节约了粮食，而且可收到明显的防病效果。两段发酵的制作技术如下。

先将鸡舍内的鸡粪除去杂物，按32.5%的鸡粪、40%的草粉(木薯粉、米糠)、10%的玉米面、2%的食盐与0.5%已接种活性多酶糖化菌的调制液充分拌匀，使混合料含水率达60%左右，即用手捏能见水珠而指缝内不滴水，手松即散为宜。然后将混合料松散堆放在水泥地面，用麻袋或塑料薄膜覆盖保持料温。发酵温度控制在28～37℃，好氧发酵12h后翻料堆放，再好氧发酵24h。将经过好氧发酵的原料装入事先准备好的水泥池内层层踏实，原料高出池口约10cm，其上盖塑料薄膜、加盖细沙，使之不漏气、不浸水，厌氧发酵10～15d后，病原菌被杀灭，鸡粪转化成营养丰富、无菌的生物性饲料。

这种方法制作好的饲料颜色金黄，有苹果酒香味，营养丰富，适口性好，畜、禽、鱼均喜吃。另外，在厌氧发酵过程中所产生的挥发性脂肪酸和乳酸等有机酸性物质能显著抑制白痢杆菌等肠道病菌的繁殖，提高畜、禽、鱼的抗病能力。经过两段发酵成熟的鸡粪饲料还可以自然晒干或用烘干设备烘干后加工成颗粒饲料。

鸡粪饲料的营养价值较高，但营养不全面，不应单独饲喂，而要和其他饲料进行合理搭配。鸡粪饲料非蛋白氮含量高，所以饲喂牛、羊等草食动物，饲料利用率更高。试验研究表明：牛、羊、兔的饲料利用率为40%～60%，鸡、鸭、鹅为10%～20%，猪为30%～40%。如果在用鸡粪饲料喂养畜、禽、鱼时，适当添加土霉素、食盐、小苏打、熟石膏等饲用添加剂，则效果更佳。

③微发酵法的具体操作如下。

微发酵法是一种配方独特、饲用价值高的实用技术，适合于处理鸡粪。

步骤1：微储设施和原料的准备。

a.微储窖的建造。鸡群规模在100只以下，可用2个水缸进行微储；鸡群规模在100只以上，可选择地势高燥、向阳、排水方便、离禽舍较近的地方挖土窖或建成水泥池，以经济、方便、实用为原则，具体大小视鸡粪微储再生饲料的用量和原料多少而定。

b.原料及药品准备。选用新鲜无污染鸡粪，并且按每1000kg鸡粪、食盐2kg、尿素3kg、草粉250kg的比例分别准备好各种用料，同时准备10g鸡粪发酵培养基和适量塑料膜。

步骤2:鸡粪微储再生饲料的制备。

a.预处理。鸡粪在微储以前必须去除鸡毛和混入鸡粪中的杂物。

b.培养基溶液的配制。根据鸡粪再生饲料重量，将相应用量的食盐和尿素溶于水中，再将相应用量的鸡粪发酵培养基溶解于此溶液中，配制成培养基溶液。

c.混合铺装。首先，将配制好的培养基溶液和草粉分别加入鸡粪中，边搅拌边加水，使其混合均匀，并随时检查含水率是否适宜。检查的方法是:用手握料，以指缝间见水滴而不往下掉为宜，即含水率达10%左右。其次，将土窖或水泥池的底部和四周分别铺上塑料膜，然后将微储料分层装入，每层装20～40cm，踩实压紧，排出空气，尤其是四周部分。若用水缸，则不需铺塑料膜，装入方法相同。

d.封口。当微储料装到高出窖口或池口时，可用塑料膜覆盖窖口或池口，并在上面压40～60cm厚的黄土层，堆成馒头形。若用水缸，用塑料膜盖严缸口，周围用绳子扎紧，并在上面压20cm厚的泥土。封窖后要经常检查，发现裂缝及时用土填平，并在四周挖好排水沟，防止雨水渗入。

e.发酵时间。封窖后，视气温高低，一般7～15d完成发酵过程，即可开窖饲喂。

④现代发酵法的具体操作如下。

随着畜禽养殖业规模化的提高，劳动强度的减轻，以上发酵法已经较少应用。基本上采用的是好氧机械翻堆发酵法，发酵过的畜禽粪既可作肥料，也可作饲料、水产饲料的添加剂，或直接作水产饵料，不但降低了成本，而且排除了畜禽粪便的寄生虫卵及病菌的资源化利用风险。

二、肥料化技术

近十几年来，随着畜禽养殖业规模化程度的不断提高，畜禽粪便与土地之间的传统关系发生变化，大量畜禽粪便对地表水、地下水造成的污染十分严重。从另一角度看，畜禽粪便又是一种宝贵的资源，如能有效利用，不仅能防治污染，而且能为现代有机农业提供大量优质的有机肥料，改变长期单一施用化肥所造成的土壤板结和肥力下降等问题，具有很好的发展前景。据统计，全国有机肥料生产企业有500多家，大致可分为三种类型：一是精制有机肥料类，以提供有机质和少量养分为主，是绿色农产品和有机农产品等的主要肥料，生产企业占31%；二是有机无机复混肥料类，既含有一定比例的有机质，又含有较高的养分，生产企业占58%；三是生物有机肥料类，产品除含有较高的有机质外，还含有改善肥料或土壤中养分释放能力的功能菌，生产企业只占11%。

畜禽粪污中含有丰富的有机质和作物所需要的N、P、K等常量元素，是优质的农家肥。增施农家肥，既减少了化肥的施用量，改善了土壤结构，还可以显著提高农产品质量。

2006年，我国畜禽养殖业共产生32.9亿吨粪便，预计至2020年，粪便排放量将达45亿吨，畜禽粪便中含有机氮、磷量分别为4191万吨和1164万吨，相当于尿素9110万吨，过磷酸钙7275万吨。研究表明，畜禽粪污经过高温好氧发酵技术处理，生产优质精制肥及有机高效复混肥料，具有营养全面、肥效长、易于被作物吸收等优点，对发展绿色种植业、改良土壤等有显著效果。

1. 畜禽粪便肥料化操作程序

畜禽粪便直接作为农家肥料使用在我国已有数千年的历史，传统的方法是采用填土、垫圈或堆肥的方式。如今，随着畜禽养殖业的发展，人们对畜禽粪便肥料化的技术及产业化进行了多元化研究，目前应用最广泛的是采用先进的生物技术及配套机械设备，将畜禽粪便加工制成精制有机肥或有机无机复混肥（包括有机专用肥）。畜禽粪便肥料化的操作程序如下：

（1）堆肥化

堆肥化是使畜禽粪便无害化的有效方法之一，是一种集中处理和资源循环再生利用为一体的生物方法。把经雨污分离、干湿分离，用清粪方式收集到的畜禽粪便掺入高效发酵微生物菌剂，加入木屑等添加剂，调节粪便中的碳氮比，控制适当的水分、温度、氧气、酸碱度进行发酵处理。堆肥化可使被处理的畜禽粪便最终产物腐熟、干燥、无臭气，容易进入后一道工序进行加工处理。

（2）加工处理

将堆肥腐熟的有机肥料初级产品进一步干燥、粉碎、筛分至一定的细度，精制成粉状有机肥，或单独造粒制成商品颗粒有机肥，或再配入一定量的氮、磷和钾肥，经搅拌或拌和、挤压造粒、冷却等即制作成有机无机复混肥。

2. 精制有机肥生产

精制有机肥生产工艺流程：有机肥加工的核心技术是发酵，是把畜禽粪便腐熟化，技术指标符合NY525-2002标准。能被农作物利用的有机肥料有粉状和颗粒状。

精制有机肥的主要生产设备：生产设备有发酵翻料机、搅拌机、粉碎机、筛分机、造粒机等。

①粉碎机：粉碎机有链式破碎机和辊式破碎机2种。

链式破碎机，是一对挂有4～8组多排链条的转子。当转子高速旋转时，链条在离心力的作用下，呈辐射状向四周伸展，加入到机内的物料，不断受到链条打击和物料间相互冲击而粉碎。辊式破碎机由两个平行安装的、相向回转的圆柱轧辊钳住物料，在轧辊表面的摩擦力作用下，物料被扯进轧辊间隙中，受到挤压而将大块的物料破碎。

②造粒机：造粒机有挤压造粒机、圆盘造粒机和转鼓造粒机3种。

挤压造粒机，近年来应用最为广泛，粉料从料斗连续均匀加入至两轧辊的上方，在挤压轧辊连续旋转作用下，粉料被咬入两轧辊间挤压成板料，然后在离心力和板料自身重力作用下脱落至带有齿爪的整形轮打击而分开成粒。

圆盘造粒机，从加料管加入到倾斜圆盘内的粉料，与液体喷洒器喷淋出的液相物质黏合形成小粒群，在倾斜圆盘旋转产生的重力和离心力下，向下方盘边滚动而不断黏附粉料，使颗粒增大。同时受盘底摩擦力的作用，颗粒随圆点向上滚动，在到达刮料板位置时，未成球粒的粉料经刮料板与盘底的间隙通过，而大部分颗粒则顺着刮料板流下至盘边，在连续的滚动中再次黏附粉料，多次循环往复，颗粒由小到大，达到成品粒度而从盘的边缘溢出。

转鼓造粒机，圆筒转鼓用托轮、挡轮支撑，由驱动装置经齿轮传动使筒体旋转，物料在柱筒体内随着转动而形成颗粒。

③筛分设备：筛分设备主要有振动筛、振网筛和旋转筛。

振动筛箱上装有筛网，倾角为15°~20°，在振动器作用下筛箱带动筛而产生圆形轨迹的振动，将物料分离。

振网筛由振动电动机、筛箱、减振装置、筛网、防法罩及料斗组成。当振动电动机转动时，电动机轴两端的半圆形偏心块也随着转动，产生了周期性的惯性力，经减振弹簧通过连杆传动，使固定在连杆上的筛网作上下振动；通过振动与重力的作用，将物料机械地分离为网上和网下成分，达到分级目的。

旋转筛通过旋转产生的离心力使小于筛孔的物料和大于筛孔的物料分离。

3. 有机—无机复混肥生产

有机—无机复混肥料是指含有一定量有机肥料的复混肥料。有机肥料肥效缓长，具有改良土壤的作用，但不能满足高产作物的养分需要，化学肥料肥效快，但又会因施用不当而引起土壤酸化、板结和有机质含量下降等问题。有机—无机复混肥料既有无机化肥肥效快的特点，又具备有机肥料改良土壤、肥效长的特点。因此，有机—无机复混肥的发展极为迅速。

有机—无机复混肥生产的核心是均匀混合和造粒，它以无害化发酵后的畜禽粪便初级产品和无机化肥（主要指氮、磷、钾肥）作为主要原料，根据土壤和作物的养分特性以及培肥土壤的目的进行配制，经搅拌、进挤压造粒机造粒、冷却后制作具有养分平衡特点的复混固体肥料，技术指标应符合GRl8877-2002国家标准。

（1）生产工艺

①挤压式造粒工艺：挤压造粒是将搅拌均匀的粉状物料喂入压粒机，物料在强压力作用下通过压模孔被挤压成一定直径的圆柱状颗粒。成品的颗粒直径为2～8mm，长度为25mm。挤压造粒工艺是将物料通过机械过程强压成粒，一般不需要干燥和冷却工序，所以投资较少，并且节省能源。但物料进入造粒机之前，要控制好水分和进行磁选，除去铁屑等杂质。另外，要注意观察压模、压辊的磨损情况，磨蚀严重应及时更换，不然会影响颗粒的硬度和颗粒成品率。挤压造粒操作简单，配方改变灵活方便，生产工艺如下图8-1所示。

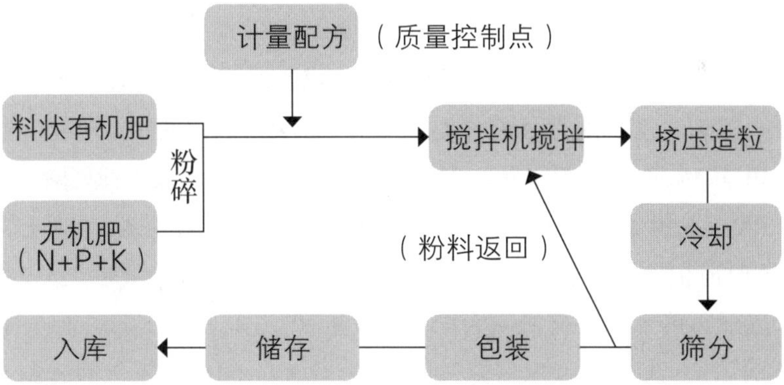

图8-1　挤压式造粒工艺

②圆盘式造粒工艺：生产球状有机肥团粒法造粒工艺中，以圆盘造粒工艺为主，对原料的要求较高。原料细度越细，其表面积就越大，微粒之间粘连性就越好，生产出的颗粒外观较好且均匀；反之原料粗糙时，造出的颗粒含量不匀，外观质量差，成粒率低。而有机原料由于收集来源和处理方法的特点，即使腐熟后依然含较高的纤维沙砾杂质，用普通的粉碎机难以满足生产要求。因此，发酵后的原料必须烘干到小于8%的水分，经超微磨粉机粉碎到50目以下，采用圆盘造粒机造粒。同时有机质原料较轻，黏性差，颗粒强度小，因此造粒时要添加较多的胶结剂。圆盘造粒的缺点是设备投资大，生产中必须对原料进行烘干和微粉碎，同时要添加一定量的黏结剂，影响肥效，增加成本，生产工艺如下图8-2所示。

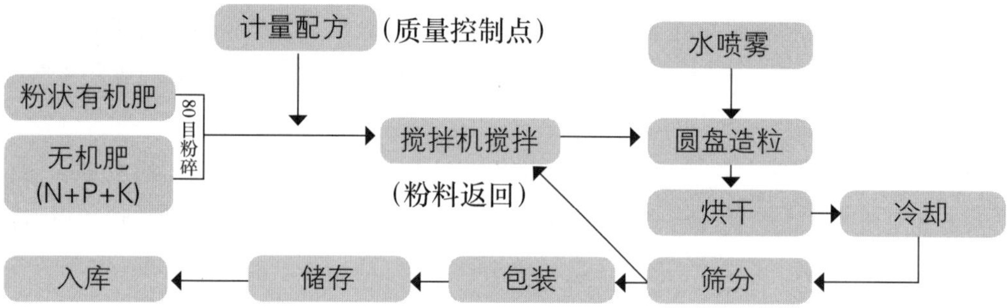

图 8-2　圆盘式造粒工艺

（2）生产技术要点

①肥源选择：有机肥料应选含水量在30%以内，无霉变的、无害化的物料过筛后待用。有机肥料的腐熟程度根据下列指标认定：

物理评价指标：物料在腐熟后期温度自然降低，不再有臭味；有真菌生长，物料上有白色或灰白色菌丝，呈现出疏松的团粒结构，颜色为深褐色。

化学评价指标：含水率降低到30%左右；氮、磷30~40g/kg上引到70~80g/kg，且养分得到活化；大肠杆菌检测≥ 10^{-1}；寄生虫卵死亡率在95%~100%。

②科学配方：有机—无机复混肥的配方是指有机复混肥中有机质和氮、磷、钾含量的比例以及其他元素的加入量。因为有机—无机复混肥多数用作为基肥，所以实际上也就是指基肥中有机质和氮、磷、钾含量的比例。方法以100kg有机肥为基数的氮、磷、钾含量的比例，如9-9-9是指100kg有机肥中含有氮9kg，五氧化二磷9kg，氧化钾9kg。对于含有效营养元素的土壤，配肥时应把这部分扣除。另在制定无机肥的比例和数量时，也要将有机物所能提供的养分扣除后再确定。如有机质为45%、N为2.0%、P_2O_5为1.0%、K_2O为2.0%的有机肥和含N 46%的尿素、含P_2O_5为14%的过磷酸钙、含K_2O 60%的氯化钾配制有机质含量为20%和N：P_2O_5：K_2O = 2：1：2的有机复混肥，求该有机复混肥中氮、磷、钾含量和各个基础肥料的配合量。设P为有机肥在复混肥中所占的比例。则：

$P+Q = 100$，$P \times 45/(P+Q)=20$，解后算出$P=44.4\%$；$Q = 55.6\%$

针对不同农作物的需肥特性，科学合理搭配氮、磷、钾及各种微量元素，制作各种农作物专用肥。如水稻、竹笋等专用肥加1%硅素；蔬菜、茶叶专用肥需提高氮素比例并追加2%硫酸镁和1.5%硼砂；西瓜专用肥需提高钾素比例并追加5‰硼砂等。

③原料预处理：计算确定配方后要对原料进行预处理，过磷酸钙要进行预干燥，使其含水率由10%～15%降低到5%左右；对无机化肥进行粉碎；对过磷酸钙用碳酸氢铵进行中和氨化，据试验，中和的配比以过磷酸钙：碳酸氢铵=10：1（重量）为宜。

④混合搅拌：混合搅拌就是将氮、磷、钾3种主要基础肥料，按照确定的配方，输送于混

合机内进行混合搅拌。混合必须充分，即混即用，混合搅拌时间，根据混合机机型而定。

⑤造粒和包装：按照确定的配方，将有机肥和无机肥混匀搅拌，输送到造粒机上造粒，造粒的方式有挤压、团粒和喷浆3种工艺。造好的有机肥颗粒形状有长圆柱形和圆球状两种；长圆柱形的粒度3.35～5.60mm。造粒后摊晾，使含水率在10%以内，用包装袋包装。包装袋上标识肥料名称、商标、总养分及配合式、执行标准、肥料登记证号、生产许可证号、净含量、生产厂名、厂址及生产日期。

4. 生物有机肥生产

（1）生物有机肥的定义

生物有机肥是指采用畜禽粪便为主要原料，经接种微生物复合菌剂，利用生化工艺和微生物技术，彻底杀灭病原菌、寄生虫卵，消除恶臭。利用微生物分解有机质，将大分子物质变为小分子并达到除臭、腐熟、脱水、干燥的目的，制成具有优良物理性状，碳氮比适中、肥效优异的有机肥料。生物有机肥属于生物肥料，它与有机肥的区别主要表现在菌种、生产工艺和应用技术等方面。

（2）生物有机肥生产用菌种

用于生物有机肥生产的菌种，首先必须具备对固体有机物降解的性能，即通过发酵作用使有机废物腐熟、除臭干燥。目前用于固体有机腐物发酵的菌种有：丝状真菌、担子菌、酵母菌和放线菌，也可采用光合作用细菌与上述的一些菌种制成发酵剂用于固体有机废弃物的降解。在实际生产中常采用的复合微生物发酵剂包括：适用于原料降解腐熟去臭的菌种，如纤维分解菌、半纤维分解菌，尤其是木质素分解菌以及高温发酵菌等，固氮微生物、解磷微生物以及芽孢杆菌等。菌剂加入畜禽粪便中进行生物发酵，遵循能量流、物质流和基因流的“三流循环”，在一定条件下，微生物迅速繁殖，能强烈分解粪便中的有机物质，在高温微生物作用下，有机质氧化分解产生生物热形成能量交换，并保持60℃～70℃的高温下杀死病菌、虫卵，并经过矿物化和腐殖质化过程，释放出N、K和微量元素等有效养分；具有特殊作用的芽孢杆菌产生的非特异性免疫因子，能抑制有害微生物活动和粪便中腐败菌、致病菌的生长以及腐败物质的分解，菌剂中的丝状真菌、光合菌能吸收、分解恶臭和有害物质。畜禽粪便经过生物发酵后生成了无害、无臭、无病菌虫卵的高效优质生物有机肥。

（3）生物有机肥的主要特点

生物有机肥的肥效是由有益微生物菌的肥效、高效有机肥的肥效、微生物有机肥的肥效交互作用产生的。其主要特点：

①在减少化肥用量75%的条件下仍能达到甚至增加作物产量。

②生物有机肥的增质主要表现在维生素C和β－胡萝卜素的增加、硝酸盐含量的降低。

③由于生物有机肥明显地增加了作物产量，改进了品质，特别是口味和外观较好，因而能取得较显著的经济收益，而且生物有机肥还有明显的改土培肥效果、提高肥料利用率和保护环境等功能。

④含有环境适应性强的微生物菌群，易发挥出菌群优势；富含有机养分、无机养分及生理活性物质，营养功能强，根际促生效果好，肥效高。

（4）生产工艺

生物有机肥生产工艺一般包括以下几方面：原料前处理、接种微生物、发酵、干燥、粉碎、筛分、包装、计量等，可作为肥料产品出售，也可作为原料用于生物有机、无机复合肥生产。由于生产原料及处理工艺的差异性，影响生物有机肥生产与肥效的主要因素有：

①微生物种类及生物活性：微生物菌不同及其代谢产物是影响生物有机肥肥效的重要因素，微生物菌通过直接和间接作用（如固氮、解磷、解钾和根际促生作用）影响到生物有机肥的肥效。

②有机质种类及总量：生物有机肥中有机物质的种类和碳氮比也是影响生物有机肥肥效的重要因素，如粗脂肪、粗蛋白含量高则土壤有益微生物增加，病原菌减少；有机物中含碳量高则有助于土壤真菌的增多，含氮量高则有助于土壤细菌的增多，C/N协调则放线菌增多，有机物中含硫氨基酸含量高则对病原菌抑制效果明显；腐质类动物废渣含量高将带来土壤木霉、青霉等有益微生物的增多；有益微生物菌的增多、病原菌的减少间接提高了生物有机肥的肥效。

③生物有机肥的养分组成：其养分含量和有效性不同，如含动物性废渣、禽类、饼粕高的生物有机肥，其肥效高于含畜粪、秸秆高的生物有机肥。

④生物有机肥的腐熟度：未完全腐熟的生物有机肥对土壤微生物的影响大，特别是对微生物量、区系、密度、拮抗菌等影响大，进而导致肥效明显；完全腐熟的生物有机肥对土壤微生物的影响小，肥效较差。

（5）生产原料与技术要点

生物有机肥生产的原料主要有禽粪（鸡、鹌鹑、鸽子、鸭、鹤等）、畜粪（猪、羊、牛等）、其他动物粪等以及秸秆、饼粕、风化煤、农产品加工废弃物（食用菌渣、糠醛渣、骨粉等）。主要生产技术要点为：

①配料技术：配料方法因原料来源、发酵方法、微生物种类和设备的不同而各有差异。配料的一般原则是：在总物料中的有机质含量应高于30%，最好在50%～70%，碳氮比为30∶1～35∶1，腐熟后达到5∶1～20∶1，pH为6～7.5之间，水分含量控制在50%～60%为宜。

②发酵腐熟方法：有机物料发酵腐熟的方法及其效果与所采用的发酵工艺和设备紧密

相关。一般包括：

a.平地堆置发酵法：在发酵棚中将调配好的原料堆成宽2m,高1.5m的长垄，10d左右翻堆一次，45～60d腐熟。

b.发酵槽发酵法：发酵槽为砖混结构，一般每槽内空长5～10m、宽6m、高2m,若干个发酵槽排列组合，置于封闭或半封闭的发酵房中。每槽底部埋设1.5mm的通气管，物料入槽后用高压送风机定时强制通风，以保持槽内通气良好，促进好氧微生物迅速繁殖。使用铲装车专用工具定期翻堆，每3d翻堆一次。经过25～30d发酵，温度由最高时的70℃左右逐步下降至稳定即已腐熟。

c.塔式发酵箱发酵法：发酵箱为矩形塔，内部是分层结构，上下通风透气，体积可大可小，多个塔可组合成塔群。有机物料被提升到塔的顶层，通过自动翻板定时翻动，同时落向下层。5～7d后下落到底层，即发酵腐熟，由皮带传送机自动出料。

三、资源化利用模式

（一）种养结合模式

1.种养结合模式Ⅰ——干清粪＋堆肥发酵＋农田利用

（1）概述

采用干清粪方式，粪便通过收集、清扫，运至储粪棚堆肥发酵，尿液或冲洗污水收集后在储存池暂存，粪便和尿液直接用于农田。这种方式能及时清除舍内粪便、尿液，保持舍内环境卫生，减少粪污处理用水、用电，保持固体粪便营养，不用建设复杂的粪污处理设施，资金投入少，工艺简单，便于操作，运行成本低。

（2）工艺流程

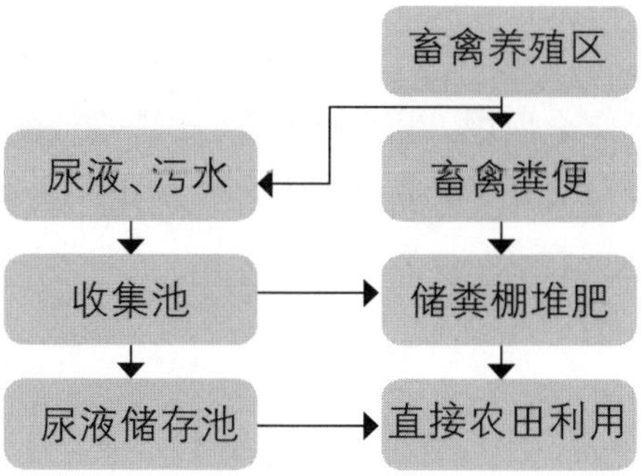

图8-3　种养结合模式Ⅰ工艺流程

（3）技术要点

①干清粪：要求粪便日产日清。可采用人工清粪或机械清粪。清出的粪便及时运至储粪棚。场区做到雨污分流，净污道分开，防止粪便运输过程中污染场区环境。

②尿液或污水收集。每栋畜舍设1个尿液或污水收集池，上部密封，容积1～2m3。畜舍内的尿液或污水先流入收集池，再汇集至储存池。粪尿沟应设在舍内，舍外部分要加盖盖板，防止雨水流入。

③粪便处理。粪便在储粪棚内堆肥发酵5～6个月。粪便过稀不便于堆肥时，可以与秸秆混合堆肥，秸秆的添加比例一般为10%～20%。储粪棚通风良好，防雨、防渗、防溢出。储粪棚所需容积：每10头猪（出栏）1m^3；每1头肉牛（出栏）或每2头奶牛（存栏）1m^3；每2000只肉鸡（出栏）或每500只蛋鸡（存栏）1m^3。

④尿液或污水储存。储存池要防雨、防渗，周围高于地面，防止雨水倒流。尿液在储存池存放5～6个月后才能使用。储存池所需容积：每头猪（出栏）不少于0.1m^3，肉牛和奶牛可以按照相应关系换算，1头肉牛或2头奶牛相当于10头猪。

⑤农业利用。粪便和尿液直接农田利用。每亩土地年消纳尿液量不能超过5头猪（出栏）、0.2头肉牛（出栏）、0.4头奶牛（存栏）的产生量。每亩土地年消纳粪便量不超过5头猪（出栏）、200只肉鸡（出栏）、50只蛋鸡（存栏）、0.2头肉牛（出栏）、0.4头奶牛（存栏）的产生量。

（4）适用范围

本方法比较适合年出栏10000头以下猪场，存栏500头以下肉牛场，存栏300头以下奶牛场，年出栏10万只以下肉鸡或存栏50000只以下蛋鸡场使用。

2. 种养结合模式Ⅱ——干清粪＋堆肥发酵＋沼气处理＋农田利用

（1）概述

该方法是将粪便与污水分开处理，实现资源化利用的方法。粪便作干清粪及时清理，采用自然干化、堆肥发酵、高温曝气等工艺，利用生物学特性结合机械化技术，通过自然微生物或接种微生物将猪粪完全腐熟，生产有机肥，实现粪便的减量化、稳定化和无害化。污水经厌氧发酵产生沼气用于发电，沼液经暂存净化后用于农田。此处理方法具有运行费用低、处理量大、无二次污染等优点，目前被广泛使用。

（2）工艺流程

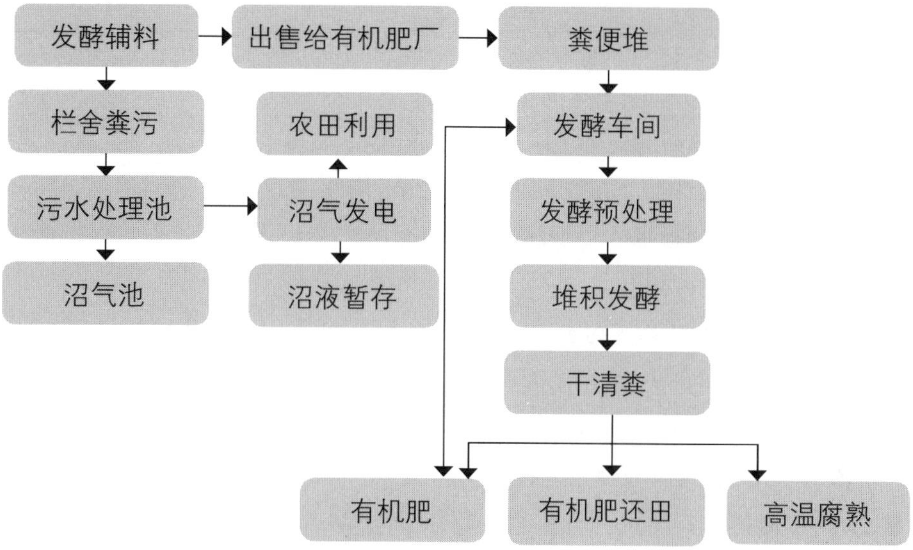

图 8-4　种养结合模式Ⅱ工艺流程

（3）技术要点

①粪便处理的要点如下。

a.粪便清除：利用工人或机械将干清粪直接从栏舍铲除。

b.粪便堆积：将粪便集中运输到积粪棚堆积储存，经1～3天的自然发酵干化备用。积粪棚大小一般按10头猪$1m^2$或1头牛$1m^2$建设，地面要做硬化处理，以防渗漏，加盖顶棚防雨水，四周设1m高围墙，留出口。

c.发酵车间：将粪便集中运输到发酵车间。车间建设：假设1万头猪场，建议建设面积$300m^2$左右，长50～60m、宽5～6m，高5～6m，内建2个并联式宽2～3m（以翻抛机宽度设计）、高度1.5m的水泥发酵槽。内设导轨式翻抛机1台，通过轨道从入口端移到出口端，完整地翻抛物料，并把物料向出口端推移，再返回。车间四面墙体为砖混结构，盖顶选用阳光板，加快发酵物料起始温度的提高。

d.发酵前预处理：将粪便、辅料（回头料、木屑、谷壳等）和发酵菌种按比例混合均匀，一般粪便占85%～90%、辅料10%～15%、菌种0.01%比例。控制物料水分在60%左右。

e.堆积发酵：将混匀的物料输送到发酵槽进行堆积发酵，厚度不低于1m。

f.高温发酵腐熟：3～4天后物料温度可达50～65℃，高温发酵阶段物料中心温度可达80～85℃。用翻抛机每天翻抛1～2次（夏季1天1次、冬春季2天1次），起到疏松通气、散发水气、粉碎、搅拌等作用，促进物料发酵腐熟、干燥。高温发酵时可通过设置在槽边的鼓风系统进行曝气，以控温增氧，使温度控制在55～65℃。此阶段可将畜禽粪便中的寄生虫和病原菌杀死，腐殖质开始形成，粪便初步达到腐熟。高温发酵后，再经中低温发酵、后熟，一般需要20～30天，出料端物料呈干粉状，含水率25%～30%，成为有机肥。

g.出料去向：部分可外卖给有机肥厂，部分作为再发酵辅料回头，以减少锯末、谷壳的购买和微生物菌种的添加量，也可用于种植施肥。

②尿液或污水处理的要点如下。

a.污水集水池：栏舍污水由沟渠流经粗格栅、细格栅过滤后，进入集水池，对污水进入沼气前进行水量调节和稳定。可按1头猪0.1m^3、1头牛1 m^3建设，其有效容积最小不少于日产污水量的50%。

b.沼气池：用于厌氧降解污水中的有机物，产生沼气。其有效容积可按1头猪0.1m^3、1头牛1m^3建设。可采用目前较环保、实用的PE膜替代厌氧发生器，下层为发酵主体，上层用PE膜覆盖，用于收集沼气。

c.沼液暂存池：用于对厌氧发酵处理出水进行暂存处理，通过一定时间自然氧化、微生物降解、植物吸附等进行净化。暂存池有效容积可按1头猪1m^3、1头牛10m^3建设，深度一般2m以上。经净化后的沼液经稀释后可用于农田利用。

d.沼气发电：沼气收集后可用于发电和沼气锅炉使用。发电机发电不仅供本场生产使用，还可以并网发电。如日产沼气100m^3，宜配备10kW左右的发电机组。

（4）适用范围

该模式一般适应较大的规模养猪场或牛场。中型规模养猪场或牛场可根据实际情况，参照上述比例参数设计建设。

3. 种养结合模式Ⅲ——尿泡粪＋干湿分离＋沼气处理＋农田利用

（1）概述

采用尿泡粪，粪尿通过漏缝地板自动掉入粪沟，粪尿混合收集，再进行干湿分离，分离出的固体堆肥，液体进行沼气处理。这种方法采用漏缝地板工艺，不用清粪，减少用工；改水泡粪为尿泡粪，从源头上降低了污水产生量；通过固、液分别处理，实现了粪污的减量化、无害化和资源化利用。

（2）工艺流程

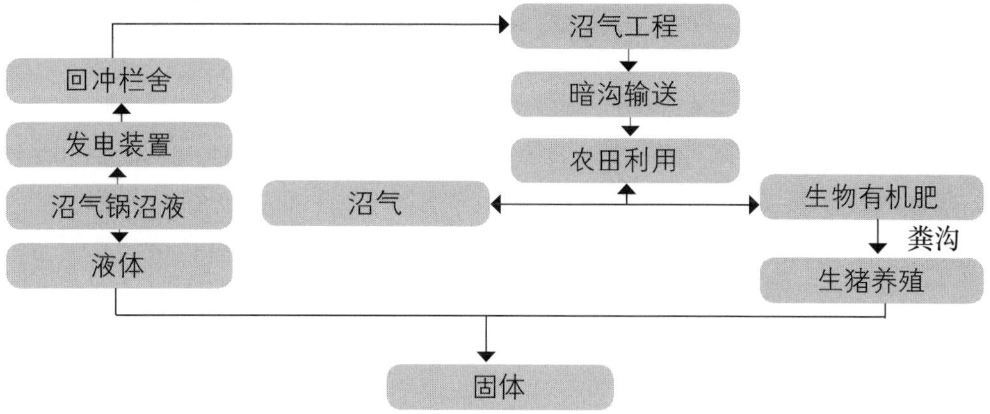

图 8-5　种养结合模式Ⅲ工艺流程

（3）技术要点

①粪污收集：采用尿泡粪工艺。猪舍内地面除走道外全部铺设漏缝地板，每头育肥猪所占面积为0.8～1.0m^2，种猪1.0～2.0 m^2。漏缝地板下面为粪沟，深0.8～1.5m。底部留有出污口，每15～30天排放一次。舍内装有通风系统和感应装置，当有害气体超标，换气扇自动运转，通风换气。

②干湿分离：从粪沟排出的粪污进入调节池搅拌均匀，然后用管道输送到干湿分离机进行干湿分离。干湿分离出的固体含水量在50%以内。

③固体堆肥发酵：分离出的固体物质通过5～6月堆肥发酵后直接出售或生产有机肥。堆肥要有储存棚，要求防雨、防渗。每10头猪（出栏）不少于0.5 m^3。

④液体沼气处理：分离出的液体进入沼气池进行厌氧发酵。沼气池采用PE膜或发酵罐。膜式发酵池每头猪（出栏）需0.4m^3；发酵罐每头猪（出栏）不少于0.1m^3。发酵过程一般2～3个月。

⑤沼液储存：沼液进入储存池暂存，一般存放150天后使用。可用部分沼液冲洗粪沟。储存池为露天水池，周围高出地面50cm以上，下面用PE膜铺底，防止渗漏。每头猪（出栏）需储存池0.1 m^3。

⑥农业利用：有机肥作为农田积肥，根据肥力每亩500～2000kg。大田种植：每1亩地能消纳5头猪产生的沼液量；种植果树、蔬菜，每1亩地可消纳8～10头猪的产生量。

（4）适用范围

本方法比较适合年出栏10000头以上的规模猪场使用。注意加强猪舍环境控制，实时监测，避免有害气体污染舍内环境。

4. 种养结合模式Ⅳ——尿泡粪＋沼气处理＋农田利用

（1）概述

采用尿泡粪工艺，粪尿混合收集后，全部进入沼气池进行处理，产生的沼液和沼渣农田利用。采用漏缝地板工艺，不需要清粪，可减少养殖场劳动用工，便于组织规模化生产。不进行干湿分离，粪尿全部沼气处理，产气量大。

（2）工艺流程

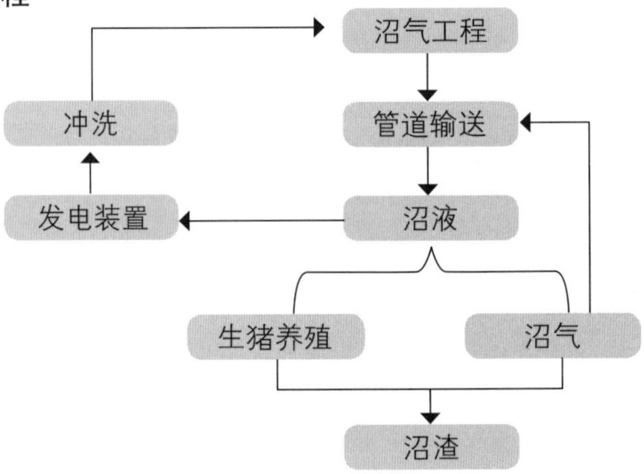

图 8-6　种养结合模式Ⅳ工艺流程

（3）技术要点

①粪污收集：猪舍地面铺设漏缝地板，下面建排粪沟，粪沟深80～150cm，安装有管道式或间隔式通风系统。首次在排粪沟中注入20～30cm深的水（以后不需要），粪尿通过缝隙地板排放到粪沟中，储存15～30天左右，打开出口的闸门，将粪水排出。

②沼气处理：从粪沟排出的粪水流入主干沟，通过管道进入沼气发酵罐进行厌氧发酵，发酵时间不少于30天。发酵产生的沼液进入储存池暂存。产生沼气用于发电。发酵罐容积为每头猪（出栏）需0.2m^3。

③沼液储存：产生的沼液在储存池暂存。储存池使用PE膜铺底，不漏水。沼液在储存池存放3个月以上即可使用。每头猪（出栏）需建储存池0.1m^3。

④农业利用：产生沼渣用作基肥，沼液浇灌农田。土地消纳按照大田种植：每亩土地可以消纳5头猪产生的沼液量；种植果树、蔬菜，每亩可消纳10头猪产生的沼液量。

（4）适用范围

本方法比较适合年出栏10000头以上的规模猪场使用。注意加强猪舍环境控制，避免粪污停留产生的有害气体污染舍内环境。

5. 种养结合模式Ⅴ——尿泡粪＋干湿分离＋农田利用

（1）概述

采用漏缝地板收集粪尿，然后进行干湿分离，分离出固体堆肥，液体进入储存池暂存。类似于“干清粪＋堆肥发酵＋农田利用”方法，区别在于，一个是干清粪，粪尿分开收集，分别处理；一个是尿泡粪，粪尿混合收集，通过干湿分离后再分别处理。

（2）工艺流程

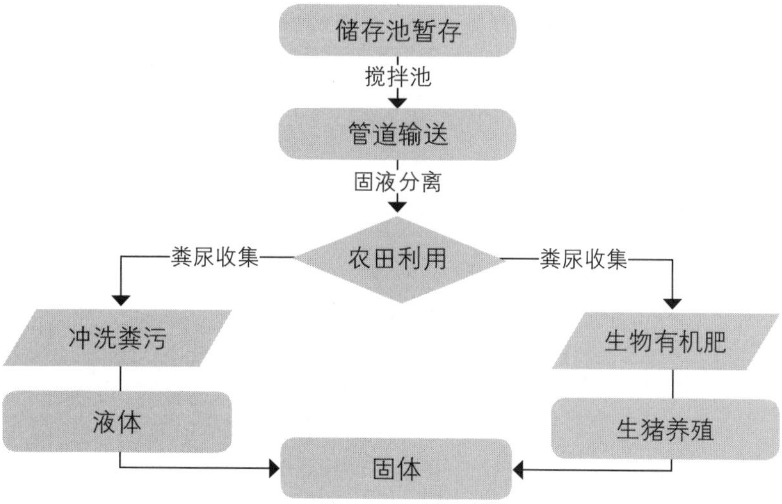

图8-7　种养结合模式Ⅴ工艺流程

（3）技术要点

①粪污收集：采用尿泡粪工艺。猪舍地面铺设漏缝地板，下面建排粪沟，粪沟深150cm以上，安装有管道式或间隔式通风系统。首次在排粪沟中注入20～30cm深的水（以后不需要），粪尿通过缝隙地板排放到粪沟中，储存3～5个月，打开出口的闸门，将粪水排出。

②固液分离：从粪沟排出的粪污进入调节池搅拌均匀，然后用管道输送到干湿分离机进行固液分离。干湿分离出的固体含水量在50%以内。

③固体堆肥发酵：分离出的固体物质通过5～6个月堆肥发酵后直接出售或生产有机

肥。堆肥要有储存棚，要求防雨、防渗。储粪棚所需容积按每10头猪（出栏）不少于0.5m^3。

④液体储存：分离出的液体直接进入储存池暂存，一般存放150天后使用。储存池为露天水池，周围高出地面50cm以上，下面用PE膜铺底，防止渗漏。每头猪（出栏）需建0.1m^{3}储存池。

⑤农业利用：生物质有机肥作为农田积肥，液体直接农田利用。每亩土地年消纳液体量不能超过5头猪（出栏）。

（4）适用范围

本方法比较适合年出栏5000头以下的规模猪场使用。

6. 种养结合模式Ⅵ——尿泡粪＋液态堆肥

（1）概述

采用尿泡粪工艺，粪尿混合收集，不进行固液分离，全部直接进入储存池储存，长时间发酵腐化后，粪污直接农田利用。该方法实质为液态堆肥，发酵腐熟时间比固态堆肥更长。这是国外小规模猪场较为常见的一种养殖方式。

（2）工艺流程

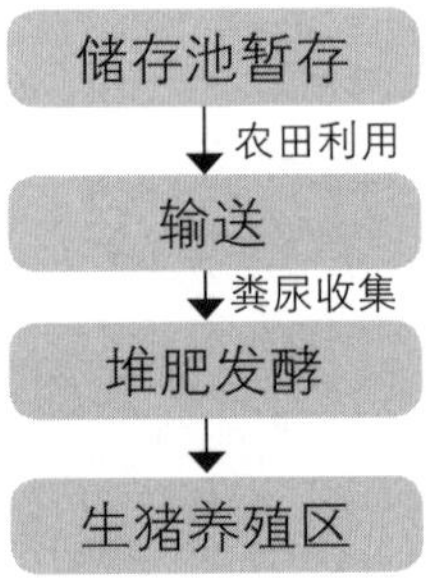

图8-8　种养结合模式Ⅵ工艺流程

（3）技术要点

①粪污收集：猪舍地面铺设漏缝地板，下面建排粪沟，粪沟深150cm以上，安装有管道式或间隔式通风系统。首次在排粪沟中注入20～30cm深的水（以后不需要），粪尿通过缝隙地板排放到粪沟中，储存3～5个月，打开出口的闸门，将粪沟中粪水排出。

②粪污储存：排出的粪水流入主干沟，再进入储存池储存，存放时间6个月以上。储存池为水泥池，防渗漏，上方密封，深1.5～2m，容积根据养殖量确定，一般每头猪（出栏）需建

0.2 m^3。在水泥池的一角留出粪口，平时堵住。

③农业利用：粪污熟化后直接农田利用。每亩土地可以消纳2～3头猪产生量。

④适用范围：本方法比较适合年出栏2000头以下的猪场使用。猪场应远离村庄或居民区。

（二）发酵床降解模式

1. 发酵床降解模式Ⅰ——发酵床养殖

（1）概述

发酵床养殖是用锯末、稻壳、秸秆等配以专门的微生物制剂来制作成垫料，畜禽在垫料上生活，粪尿排泄在垫料里，垫料里的有益微生物能够迅速降解粪尿，不需要清粪和处理污水，从而没有任何废弃物排出场外，做到了无污染、零排放，较好地解决了养殖场环境污染，同时改善了猪的生活环境。目前，国内普遍采用大栏饲养，机械翻料的方式，解决了传统人工翻料，劳动强度较大的问题。

（2）工艺流程

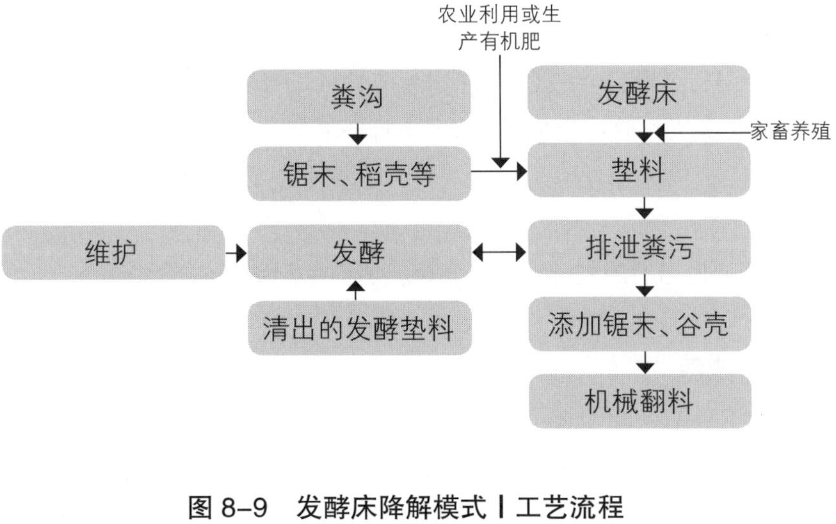

图8-9 发酵床降解模式Ⅰ工艺流程

（3）技术要点

①发酵床建设的要点如下。

a. 发酵床。一般为地下式或半地下式，地下水位低的用地下式，高的用半地下式。深度为100cm。四周砖墙上用水泥抹面，底部为自然土地面。每头猪占床面积1.0～1.8m^2。

b. 过道。单列式猪舍一侧或者双列式猪舍的中间设计成通长的过道，宽90～120cm。

c.水泥平台。过道栏杆与发酵池之间设水泥平台，宽150～180cm，平台向走道侧有坡度。

d.给排水。饮水采用乳头式自动饮水器。每栏设2～3个，距床面30～40cm，下设集水槽，将猪饮水时漏下的水向外引出，流入走道侧的水沟内，防止流进发酵床。

e.食槽。食槽位于水泥平台上，为自动采食槽。

②垫料选择。发酵床的垫料一般选择木屑和谷壳，混合比例为3∶2。如果木屑难找，可适量增加稻壳、作物秸秆用量，但木屑不低于50%。

③发酵床制作的要点如下。

a.菌种处理：注意选择质量好的商品菌种，也可以自制土种菌。按购买菌种使用说明进行处理。

b.垫料处理：在发酵床底层先铺一层谷壳或秸秆，使底部透气，再铺一层木屑以增加吸水，每层10～20cm。将锯末、谷壳物料均匀铺设，并控制垫料湿度。湿度应保持在40%～60%，不能超过65%。抓起一团垫料握紧后松开手掌，垫料依然可成团但无水滴滴下来即可。

c.垫料预发酵：正常情况发酵6天后，垫料中央温度上升到50℃以上，即可成发酵床使用。

④发酵床维护的要点如下。

a.垫料翻耙：每天人工匀粪1次，7～15天用挖掘机或旋耕机深翻1次。

b.垫料补充：发酵床在消化分解粪尿的同时，垫料也会逐步损耗，床面会自行下沉，当床面下沉5～10cm时，应考虑补充垫料。

c.水分控制：日常管理要注意发酵床水分的含量，方法与发酵床的制作相同。

d.保温透气：冬天早晚温度低时，放下卷膜杆增加舍温，加快发酵。中午温度高时，摇升卷膜杆以透气，提供充分发酵所需的氧气。夏季应注意舍内降温，减少夏季高温的不良影响。

⑤垫料利用。使用后的发酵床垫料直接出售农业利用或生产有机肥。

（4）适用范围

该方法适合年出栏5000头以下的猪场使用。小规模牛场也可以使用。利用发酵床养殖，畜禽很少得病，但正常免疫和消毒不可缺少。

2. 发酵床降解模式Ⅱ——异位发酵床

（1）概述

该模式是将养猪与粪污发酵处理分开，在猪舍外另建垫料发酵棚舍，猪不接触垫料，猪场粪污收集后，利用潜泵均匀喷在垫料上进行生物菌发酵的粪污处理方法。这是近年来各地大力推广的一项新型环保养猪方式，具有减少臭味产生和改善环境的作用。它具有投资少、操作简单、方便实用、不需要人工清理粪污等特点。与原位发酵床相比，该模式有效克服了消毒不方便、易诱发呼吸道疾病、猪舍改造成本高等问题，为保护环境、生态养猪开辟了一条新的途径。

（2）工艺流程

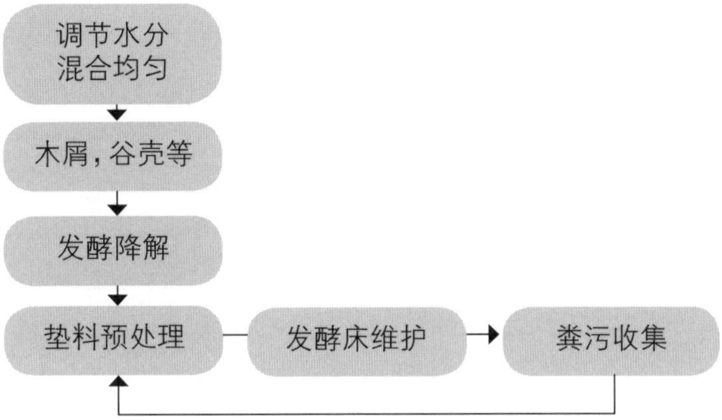

图 8-10　发酵床降解模式Ⅱ工艺流程

（3）技术要点

①粪污收集：猪舍粪尿通过漏粪板进入粪尿沟，经水冲或经降解废水冲，通过封闭渠道进入粪污收集池。粪尿沟和粪污收集池之间存在一定坡度，便于收集，均采取砖混结构，以防渗漏。收集池上加盖顶棚，防雨水、防溢出，其容积大小按1头猪0.1m^3比例建设。池内置潜污泵1台，将粪污通过PVC管道泵入发酵床。

②发酵垫料选择：垫料最适宜用木屑和谷壳，一般按3∶2比例混合使用。如果木屑难找，可适当增加谷壳或以玉米秸秆粉末代替，但木屑比例不少于30%。

③垫料预发酵的操作如下。

a.菌种使用。将发酵菌按照其使用说明和指定比例与清水进行稀释活化，一般是每平方米垫料使用10克菌种。

b.垫料混匀。在发酵床中将垫料物料充分混合均匀，混匀中慢慢喷洒菌液和猪粪尿，不能有团块和水结块，湿度以抓起一团垫料握紧后松开手掌，垫料依然可成团但无水滴滴下来即可。

c.预发酵。将所有垫料堆积不低于1m。正常情况2～3天开始启动升温，发酵6天后，垫料中央温度上升到50℃以上，即可摊开形成发酵床使用。

④发酵床大棚。可使用塑料大棚形式，长方形为宜。棚内面积可按存栏1头猪0.2m^2比

例设计。棚内径宽度可根据导轨式翻耙机长度设定，一般3.65m，如果不使用翻耙机，宽度可根据需要设计。棚顶高2.4～2.5m、肩高1.4～1.5m。棚长度按养殖规模需要调整。

⑤发酵床运行和维护的操作要点如下。

a.垫料铺设。在铺设发酵垫料前，在床底层一般先铺一层木屑和谷壳，厚度10～20cm，以增加底部透气和吸水。垫料铺设厚度30～40cm，由于上面不养猪可适当加高，但厚度要均匀。

b.粪污添加。根据垫料发酵情况，适时添加粪污。一般每隔1～3天（夏季1天、冬季2～3天）通过潜污泵和PVC管道均匀喷洒到发酵床面，不得将粪污堆积在某一区域，以防造成该区域死床。粪污喷洒量视垫料发酵和干湿情况确定，中心垫料水分应控制在25%～45%，抓起一团垫料握紧后松开手掌，依然可成团但无水滴滴下来即可。

c.垫料翻耙。发酵床需要每天进行翻耙，特别是粪污喷洒当日要耙匀。如使用翻耙机每天至少翻耙1～2个来回，使发酵床获得足够的氧气，保证发酵效果。

d.补充垫料和菌种。每月根据发酵床垫料消耗情况，需要补充垫料和菌种，菌种补加量一般5g/m^2，均匀喷撒到发酵床中。一般发酵床可维持使用3年左右。

e.保温透气。冬天早晚温度低时，放下设置在两边卷膜杆以增加棚内温度，加快发酵。中午温度高时，摇升卷膜杆以透气增氧。

（4）适用范围

该方法适合中小规模养猪场或牛场使用。对于小规模养猪场，建议采用工人或微耕机翻耙，减少投入。

（三）有机肥生产模式

1. 概述

该模式是利用生物发酵技术结合加工工艺，对鸡粪进行资源化利用，尽可能地利用物料中的养分，生产有机肥，减少或消除粪便对环境污染的方法。这符合当前发展生态有机农业的大趋势，不但可以减轻养殖所造成的污染，给养殖场创造二次收益，而且发酵产物安全高效、操作简单、产品应用前景看好，已在不同地区得到推广应用。

2. 工艺流程

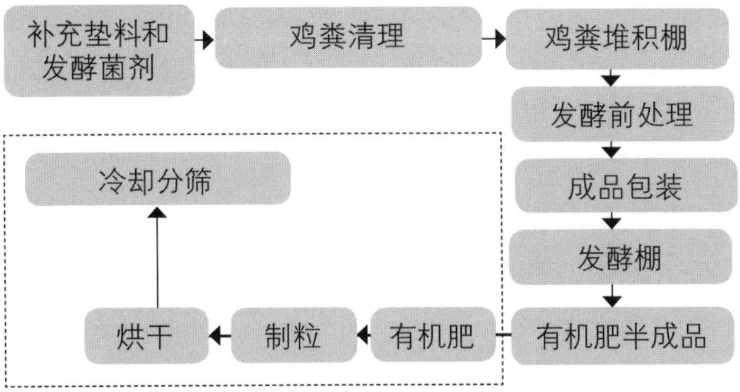

图8–11　有机肥生产模式工艺流程

3. 技术要点

鸡粪清理：将鸡粪及漏水通过机械刮粪板，清理到舍端的粪污收集池，暂存1～3天。粪污收集池长度一般与鸡舍等宽，宽1m、深1～1.5m。采用砖混结构，上加盖顶棚，做好防渗漏、防雨水。

鸡粪堆积棚：将鸡粪集中运输到积粪棚堆积储存。堆粪棚大小一般按500只鸡$1m^2$建设，地面要做硬化处理，以防渗漏，加盖顶棚防雨水，四周设1m高围墙，留出口。

发酵前处理：当鸡粪在堆积棚达到一定量时，将辅料谷壳粉碎或皮糠，按40%～60%比例与鸡粪混合，并加入发酵菌剂混合均匀，形成发酵物料。一般每吨物料加发酵菌剂5kg左右（提前按每kg兑30kg清水稀释）。物料含水分控制在60%左右，以手握成团，指缝见水但不滴水珠为好。

发酵大棚：可采用塑料大棚形式。建议1万只蛋鸡建设总面积不少于$250m^2$，棚宽8m左右、高4.5m，长度根据需要设定。

堆积发酵：将发酵预处理的物料运入发酵棚，铺开成行，呈长垛状。根据发酵棚的宽度和翻抛机的长度，每垛宽2.5m左右，厚度1m。3～4天后，物料内部温度可升至50℃以上，这时每天用翻抛机翻抛1～2个来回，以增加透气，加快好氧发酵。棚内温度一般以25～35℃为宜，一般发酵10天左右（夏季5天，冬季10天），当物料温度下降到室温时，即发酵完成。

有机肥半成品：将发酵完成的物料与黏土按1∶1比例混合，形成有机肥半成品。在半成品车间堆积1米以上，进行进一步腐熟干燥，时间20天左右，形成成品。半成品车间面积建议每1万只蛋鸡不少于$100m^2$。

有机肥成品：将腐熟后物料运入成品车间加工，经过搅拌、粉碎、制粒、烘干、分筛、包装等工艺流程，形成最终产品出售。成品加工车间面积建议每1万只蛋鸡不少于100 m^2。

4. 适用范围

该模式适用于1万只以上大型蛋鸡养殖场。对中型蛋鸡场也可根据生产规模比例和需要进行投资建设。

（四）循环利用（清洁回收）模式

1. 概述

该方法是将奶牛场粪污经浓度调节处理后，进入发酵系统进行厌氧发酵，发酵出料经固液分离和二次挤压降低水分后，用于补充牛舍卧床垫料，实现资源化的方法。同时厌氧发酵产生的沼液经暂存，回收利用于牛场生产或农田利用；沼气经净化处理，用于发电和产热，提供生产用电和热量。该方法将发酵池出料经固液分离并达到指定的水分要求后，使用卧床抛料车回填于牛舍内的卧床，不仅保护了生态环境，实现资源的循环利用，大大节约垫料成本，而且改善了牛舍卧床环境，其杀菌效果、舒适度远远优于其他垫料。目前该方法在国内外大型奶牛场得到普遍推广应用。

2. 工艺流程

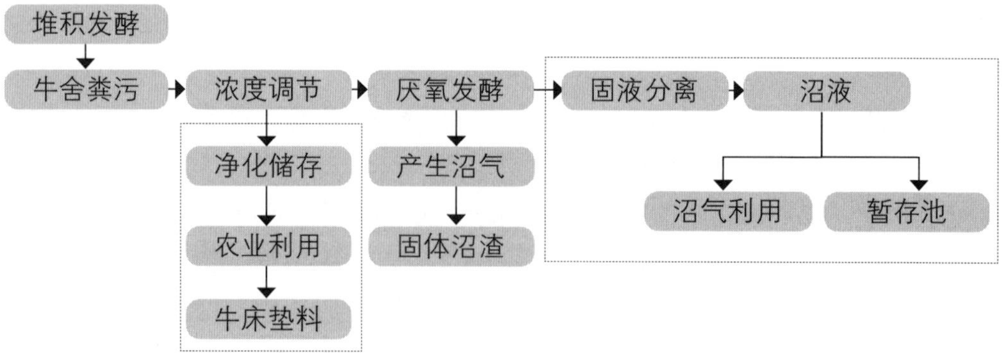

图 8-12　循环利用模式工艺流程

3. 技术要点

粪污收集：牛舍粪污经机械刮粪进入粪沟，通过安装在粪沟前端的沼液回收系统，用沼液冲洗到收集池。粪沟与收集池之间设一定坡度，均采取硬化处理，以防渗漏。粪污收集池容积可按1m^3每头牛比例建设。

浓度调节：将收集的粪污泵入浓度调节池，与回收沼液一起用匀浆机均匀混合，使干物质浓度调节至8%～10%。浓度调节池容积可按1m^3每头牛比例建设。

厌氧发酵：经调节后的粪污用电磁流量计计量，采用半地下进料推流式分配到发酵池或泵入发酵池，进行厌氧发酵。经20～25天发酵完成。料液在发酵池内发酵温度控制在35～38℃，可采用盘管换热方式加热，加温热源为发电机组余热。内设搅拌器，对发酵液进行搅拌、破壳，加强发酵，提高产气。发酵池容积可按1m^3每头牛比例建设，发酵池底层主体要硬化处理，防渗漏；上层料质可用PE膜覆盖，用于收集所产沼气，上下层容积可按1∶1配套设计，实行沼气产储一体化。

固液分离：发酵后的出料进入混合搅拌池，经搅拌泵打碎混合均匀后，输送到一次分筛回液分离机，其筛网孔径为0.3mm，筛出的固体纤维物由传送带转送至螺旋挤压设备，进行脱水；一次筛分后的废液由二次筛分进料泵，输送到二次筛分设备，其筛网孔径为0.1mm，筛分出的固体纤维物由传送带转送至螺旋挤压设备，进行再脱水。筛分出的固体纤维物含水量约占70%。

牛床垫料：被分筛脱水后的固体纤维物料，经好氧堆积发酵后，使其含水率可降至30%，直接用于补充牛舍卧床垫料。

沼液处理：分离后的沼液进入储池，其容积1头牛不少于10m^3。用于栏舍粪污冲洗和调节池调节粪污浓度，也可通过管道输送实现农田利用。

沼气利用：厌氧发酵产生的沼气，经设备净化处理后，用于发电机组和沼气锅炉使用。

4. 适用范围

该模式应用于较大规模的奶牛场。对中小规模奶牛场可根据实际需要，按比例建设相关内容。

DI-JIU ZHANG
CHUQIN FENWU JI FEISHUI
CHULI GAOXIN JISHU

第九章
畜禽粪污及废水处理高新技术

一、沸石技术

1. 我国天然沸石概况及化学组成特征

沸石是沸石族矿物的总称，分为天然沸石和合成沸石两大类，本文所讨论的是指天然沸石岩。我国沸石矿产资源相当丰富，自1972年浙江省缙云县首次发现具有工业价值的沸石矿床后，又相继在山东、河北、辽宁、内蒙古、河南、安徽、四川、广西等24个省、自治区发现沸石矿产地(含矿床和主要矿点)400余处，其中属于大、中型的31处矿床保有储量为27.8亿吨，资源总量约为100亿吨以上。我国地域辽阔，沸石种类颇多，目前已发现的沸石有斜发沸石、丝光沸石、菱沸石、方沸石、片沸石、钙十字沸石、钙钾十字沸石、辉沸石、浊沸石、钠沸石等13个矿种或亚种。我国的沸石以斜发沸石为主，丝光沸石次之，它们多属火山物质蚀变沉积成岩的产物。一般矿体规模大，品位稳定，矿石质量较好，且多数分布在我国东、中部地区。

我国各地沸石因其原岩物质成分、成矿环境、成矿作用上的不同，反映在化学组分上也有所差异，其中斜发沸石多数具有高硅铝富钙钾低钠的特征，即绝大多数产地是CaO含量>Na_2O含量，而国外绝大多数产地为CaO含量<Na_2O含量或CaO含量<K_2O含量，表现为富钠钾的偏碱性沸石；我国丝光沸石的化学成分多数具有高硅富钾低钙的特征，即多属钾型或钙钾型，而国外丝光沸石多属于富钙型。我国广西的辉沸石、西藏的浊沸石以及四川、吉林的方沸石等，具有品位高、矿石质量好、潜在经济价值大的优势，其相关理化特征值得进一步的深入研究。

2. 天然沸石的结构特征及其主要物理性能

(1)天然沸石的结构特征

天然沸石是一种含水的钙、钠及钡、钾的铝硅酸盐矿物，其独特的内部结构是由硅氧四面体和替代的铝氧四面体为基本结构单元，而硅氧四面体和铝氧四面体再逐级组成单元环、双元环、多元环、笼状构成的主要以三维空间架状构造的结晶多面体。沸石晶体内部存在着大量的排列有序、大小均匀、彼此贯通并与外界相连的孔穴和孔道(孔径一般0.3～1nm)。沸石晶体格架中含水量的多少随外界温度和湿度等变化而变化，但并不影响其晶体的内部结构。所以当改变条件时，沸石水可以自由地排出或重新吸入，不损坏沸石晶体结构。由于沸石作为最典型的具有纳米介孔结构的多孔非金属矿，可作为制造纳米结构组装材料的载体与媒介，因而日益受到科技界的密切关注。

（2）沸石主要物理性能

①沸石的吸附性能特点如下。

沸石晶体的大量孔穴和孔道，使沸石具有很大的比表面积，加上特殊的分子结构而形成的较大静电引力，使沸石具有相当大的应力场。当沸石内部的孔穴和孔道一旦有“空缺”时，沸石就会表现出对气体或液体很强的吸附能力，尤其是对SO_2、NH_3、NO_2及某些有机蒸汽等敏感性的气体吸附更为有效。通常情况下，丝光沸石的吸附性能高于斜发沸石，经活化处理（如酸浸、焙烧）的沸石吸附性能高于未加处理的沸石。实践表明，沸石的吸附作用具有选择性和再生性特点，工业上利用沸石这种特性制成吸附剂或干燥剂，用于吸附分离某些气体和液体，特别是制成深度干燥剂，比硅胶和合成沸石还有效。

②沸石的阳离子交换性能特点如下。

沸石的阳离子交换性是其重要性能之一。沸石中的K^+、Na^+、Ca^+等阳离子与结晶格架的结合并不很紧密，具有在水溶液中与其他阳离子进行可逆交换的性质。交换后的沸石晶格结构并未被破坏，只是通过离子交换使得晶体结构内部的电场、比表面积等发生某种变化。沸石离子交换性能的大小不仅与沸石的种类有关，而且还与沸石的硅铝比值，晶格中孔径大小，孔道疏通情况，阳离子的位置和性质以及交换过程中的温度、压力、离子浓度、流速和pH等诸多因素有关。有时为了提高交换量，可以人为地将沸石进行预处理。如专利技术（CN1283518A）沸石活化新工艺是这样实现的：将沸石岩粉碎至一定粒度后，高温加热，将天然沸石的内部孔道打通，增大其比表面积，再将加热后的沸石用氧化钠溶液浸泡，增加其离子交换容量，从而提高天然沸石的吸附性及离子交换性能，更有利于去除水中的各种污染物。

据悉，我国多数沸石矿产地均做过NH_4^+、K^+离子交换性能的测定，这是一项重要而又具实际意义的工作。它是评价沸石岩质量品质的主要指标之一，即沸石品位与铵离子、钾离子交换量成正相关系。然而，需要强调的是不同种类的沸石，因其化学成分的变化和内部晶体结构的不同，其离子交换行为亦各有所异。如浙江缙云老虎头沸石产地所产沸石，按离子交换容量是丝光沸石高于斜发沸石。而钾离子交换容量则是斜发沸石高于丝光沸石，说明沸石的离子交换性能具有选择性，这在沸石开发利用中值得注意。

③沸石的催化性能特点如下。

沸石的催化性能表现为当某种反应物质寄附于沸石晶体内部的大孔穴表层上时，其反应速度有所加快，且反应生成的新物质又可以从沸石内部扩散释放出来，而沸石晶体格架不被破坏。利用沸石这一特性制成催化剂，其用途甚广。值得指出的是，未加“活化”处理的沸石，通常不能直接作为催化剂使用。在工业生产中，沸石经常被作为催化剂载体利用，即将具有催化性能的金属元素，如稀土元素、锑、银、铜、铂等，通过某种工艺技术使具催化性能的金属元素进入沸石晶体内部，制成相应催化剂。

研究表明，不同类型的沸石因其晶体结构、硅铝比值以及孔道孔穴的容积等存在着差异，不仅催化性能有较大差别，而且各组成部分在催化作用中所表现的行为特性亦不同。

④沸石的耐酸性和热稳定性能特点如下。

研究沸石的耐酸耐热性能对于沸石的“活化”处理具有很大的实用价值。我国的斜发沸石和丝光沸石均有着良好的耐酸耐热性，且通常情况下丝光沸石的耐酸性和热稳定性能高于斜发沸石。然而，不同产地的沸石由于成矿地质条件、水介质成分等的不同，其耐酸耐热性能差别甚大。一般情况下单矿种独立形成的沸石矿床优于多矿种伴生形成的沸石矿床，原岩为火山熔岩的熔岩型沸石耐酸耐热性能较强，而凝灰质角砾型沸石次之，高硅铝型沸石较富钠钾型沸石的耐酸耐热性能好。就已知斜发沸石而言，富含一价金属阳离子的碱性斜发沸石岩的热稳定性高于富含二价金属阳离子斜发沸石岩的热稳定性。有关研究还发现沸石的耐酸性和热稳定性似乎相对应即成正相关系。如山东荣成丝光沸石既是耐酸性能最好，又是耐热性能最好的沸石，而山东诸城、河北赤城的斜发沸石其耐酸性能差，耐热性能也较低。这些除与沸石岩中一、二价阳离子相对含量有关系外，亦与沸石岩中沸石的品位密切相关。

3. 在畜禽养殖业生产及污染物处理中沸石的应用效果

天然沸石的开发利用，尤其是在农业和养殖业中应用的潜在价值已引起了世界许多国家的广泛关注。如今，在养殖业中的应用主要是将其作为廉价的矿物饲料、添加剂预混料的载体、动物粪便的除臭剂和动物饲养环境的净化剂等。

（1）肉仔鸡饲养过程中添加沸石的效果

沸石的晶体结构在酸性的消化道内不会被破坏，部分有用元素不断呈游离状态释放出来，一些随饲料、饮水进入消化道或消化过程中产生的有害毒物、微生物、气体随时被吸附，从而可以维护畜禽矿物质的营养和胃肠道正常的微生物等生理环境，促进饲料的消化和利用。沸石还能促进某些生物酶的生物催化作用，从而也促进了机体对营养物的消化吸收，提高了饲料的营养价值。

王军、汪植三等(2002)选用10日龄健康AA肉鸡180只，随机分成4组，每组45只，在其基础日粮中分别添加0.3%、5%、7%的天然沸石，两批次的试验结果表明日粮中添加沸石，可以促进肉鸡的生长发育，增进鸡群健康，降低死亡率和减少饲料消耗。从试验结果可知，添加量以5%效果最好。饲料中添加沸石应该有一个适当的量，添加量太低或太高，均不能起到应有的效果。相关研究报道，沸石添加的比例效果与季节有关，冬季不宜超过3%，春秋季添至4%，夏季添至5%。

（2）产蛋鸡饲料日粮中添加沸石的应用效果

研究人员在养鸡场分别在产蛋期伊莎蛋鸡的玉米—豆粕—菜籽粕型的饲粮中添加3%和5%的沸石粉进行为期117d的饲养试验，观察沸石对产蛋鸡产蛋性能及蛋品质的影响。结果表明：5%沸石实验组产蛋率比对照组的产蛋率提高了5.3%、平均蛋重提高3.05%、单位产蛋量的饲料消耗（蛋料比）降低11.24%；3%沸石实验组比对照组产蛋率低1.24%、平均蛋重比对照组的提高了3.9%、破蛋率降低0.64%，单位产蛋量饲料消耗无差异。对蛋品质指标测定结果表明，蛋形指数和蛋壳厚度均属正常，质量良好，添加沸石饲喂产蛋鸡可增加蛋白黏稠度，改善蛋品质。

（3）在猪日粮添加天然沸石的应用效果

据国内外的试验研究，在猪日粮中添加3%～10%的沸石粉，日增重提高5%～30%。如浙江缙云县良种场的试验提高了4.8%、宁海青珠农场的试验提高了10%～24%。试验还表明，使用沸石节约饲料2%～11%，如吉林饲料公司试验节约2.4%、宁海青珠农场试验节约7%～11%等。根据研究报道，在饲养标准基本满足营养需要的情况下，添加5%的沸石粉，能使肉猪增重提高5%～10%、降低饲料成本6%～8%、消化道疾病发生率减少40%～70%。对肉样的含水率、脂肪和瘦肉成分的分析表明，与对照组无异，肉品质正常，各种矿物元素含量均正常，畜禽采食添加沸石粉饲料后，被毛光亮，食欲良好，对防治仔猪白痢、腹泻等有一定效果，而且具有除臭和净化环境的作用，经济效益显著。中科院地质所与北京市饲料科学技术研究所的科研人员(1999)还对饲养129d的试验猪和对照猪进行了屠宰试验，并委托中国肉类食品综合研究中心的专业人员进行了肉样的割取及分析。肉质分析结果表明，利用围场县国营沸石矿生产的沸石粉作为饲料添加剂饲养育肥猪，肉质符合国家规定的各项卫生标准，具有安全性。韩成认为，只要选择的沸石符合饲用标准，则肉蛋产品的质量是有保证的，多年来的生产实践也充分证实了这点。

（4）天然沸石在粪便处理及养殖环境治理中应用效果

将天然沸石应用于饲养场畜禽粪便的治理，国外开始于20世纪60年代后期，日本、俄罗斯、美国等国已将其广泛应用于生产实践，并取得了良好效果。1976年，中国科学院地质研究所的科研人员在执行“沸石法海水提钾”的国家级研究项目中，曾指导沸石粉处理畜禽粪便的应用实践，在降低恶臭方面取得了较好效果。20世纪80年代初，我国研究人员在不同场地开展了沸石除臭环境效应的各项模拟试验，并取得明显效果：在鸡粪上覆盖12%的沸石粉，鸡舍空气中的臭氧量下降了20%～37%，二氧化碳下降了9%～20%等。用天然沸石处理畜禽粪便，其原理归咎于沸石的吸附和离子交换性能。沸石可以吸附硫化氮等有害气体，降低空气中有害气体的含量，改善舍内及养殖场区周围的大气质量。沸石不仅可以抑制粪便中臭氧的挥发，还可以吸附固态氮、磷和钾，保持了粪便资源化利用的肥效。

4. 天然沸石在畜禽养殖业及其污染物治理中作用机理

综观国内外有关报道，在动物饲粮中添加适量天然沸石，对提高日增重、产蛋率等生产性能，降低单位增重(或产蛋量)饲料消耗，改善动物健康等均有积极作用。然而沸石的组成成分主要是SiO_2和Al_2O_3，所含动物必需的常量元素和微量元素极少，因此从营养学上讲，似乎不具有多大的营养价值，而且在饲粮中加入一定量的沸石，某种程度上稀释了饲料的能量和蛋白质等营养素的浓度。目前，针对动物进食含沸石的饲料后产生的有益效果及其作用机理，研究者经过努力探索并取得了一些进展，但至今尚无完整的系统理论。从动物营养角度出发，一般认为与沸石的特殊结构和物理性能有关，可作如下几方面的解释。

第一，沸石的晶体结构在胃肠道内不被破坏而具有吸附作用和离子交换作用，在动物消化道内选择性地吸附NH_3、H_2S和CO_2等气体及一些有害元素，而将所含的有益元素释放出来，从而改善消化道生理环境和机能，促进消化液的分泌，提高消化酶的活性，有利于营养物质的消化吸收，提高饲料养分和能量利用率。研究结果表明：在猪饲粮中添加5%的沸石、鸡饲粮中添加2%的沸石，其饲粮中的有机物(OM)、能量(GE)、粗蛋白(CP)、粗脂肪(EE)、粗纤维(CF)和无氮浸出物(NFE)等养分的消化代谢率均有所提高。

第二，沸石对氨的吸附作用以及维持肠道较低的pH，使消化道的氨变成NH_4^+离子而被动物用来合成氨基酸和蛋白质，提高氮的利用率，同时降低氨对消化道的有害刺激及毒性，减少氨吸收入血而减轻肝肾对氨的解毒负担；沸石的吸附作用使粪及水分排出减少以及沸石对畜禽栏舍的NH_3和H_2S等气体的吸附，还可改善畜禽饲养环境，因此对动物健康有益。有关测定结果表明：猪饲粮添加5%、鸡饲粮添加3%的沸石粉，动物体内血氨、粪氨、粪水分、消化道内容物氨及舍内空气中氨含量将显著降低。

第三，沸石的物理性能在体内的发挥以及所含的动物必需微量元素被吸收利用，可调节动物内分泌生理机能，促进新陈代谢。据报道，添加沸石饲喂肉鸡可使动物血清甲状腺激素T_3和T_4、雄性激素睾酮和胰岛素等激素分泌适度增加，从而促进葡萄糖的吸收利用及蛋白质的合成，加快生长。测定的血清生理生化指标也表明：饲粮中添加沸石，猪鸡血清葡萄糖、总蛋白质、总脂质等有所提高，可见沸石对动物体内营养代谢产生有利影响。

第四，沸石还有除臭除湿作用，一定程度上防止饲料霉变，消除、减轻或抑制霉菌毒素对动物的危害。沸石对肠道中的大肠杆菌、痢疾杆菌等致病也有吸附作用或抑制作用，从而减少腹泻等疾病，增进动物健康，提高成活率。

二、纳米技术

纳米技术（Nanotechnology）是用单个原子、分子制造物质的科学技术，研究结构尺寸在1~100纳米范围内材料的性质和应用。纳米科学技术是以许多现代先进科学技术为基础的科学技术，它是现代科学（混沌物理、量子力学、介观物理、分子生物学）和现代技术（计算机技术、微电子和扫描隧道显微镜技术、核分析技术）结合的产物，纳米科学技术又将引发一系列新的科学技术，例如：纳米物理学、纳米生物学、纳米化学、纳米电子学、纳米加工技术和纳米计量学等。

1. 理论概述

纳米技术也称毫微技术，是研究结构尺寸在1纳米至100纳米范围内材料的性质和应用的一种技术。1981年扫描隧道显微镜发明后，诞生了一门以1到100纳米长度为研究分子世界，它的最终目标是直接以原子或分子来构造具有特定功能的产品。因此，纳米技术其实就是一种用单个原子、分子制造物质的技术。从迄今为止的研究来看，关于纳米技术分为三种概念：

第一种概念是1986年美国科学家德雷克斯勒博士在《创造的机器》一书中提出的分子纳米技术。根据这一概念，可以使组合分子的机器实用化，从而可以任意组合所有种类的分子，可以制造出任何种类的分子结构。这种概念的纳米技术还未取得重大进展。

第二种概念是把纳米技术定位为微加工技术的极限。也就是通过纳米精度的“加工”来人工形成纳米大小的结构的技术。这种纳米级的加工技术，也使半导体微型化即将达到极限。现有技术即使发展下去，从理论上讲终将会达到限度，这是因为，如果把电路的线幅逐渐变小，将使构成电路的绝缘膜变得极薄，这样将破坏绝缘效果。此外，还有发热和晃动等问题。为了解决这些问题，研究人员正在研究新型的纳米技术。

第三种概念是从生物的角度出发而提出的。本来，生物在细胞和生物膜内就存在纳米级的结构。DNA分子计算机、细胞生物计算机的开发，成为纳米生物技术的重要内容。

2. 主要内容

纳米技术是一门交叉性很强的综合学科，研究的内容涉及现代科技的广阔领域。纳米科学与技术主要包括：纳米体系物理学、纳米化学、纳米材料学、纳米生物学、纳米电子学、纳米加工学、纳米力学等。这七个相对独立又相互渗透的学科和纳米材料、纳米器件、纳米尺度的检测与表征这三个研究领域。纳米材料的制备和研究是整个纳米科技的基础。其中，纳米物理学和纳米化学是纳米技术的理论基础，而纳米电子学是纳米技术最重要的内容。

1993年，第一届国际纳米技术大会(INTC)在美国召开，将纳米技术划分为6大分支：纳米物理学、纳米生物学、纳米化学、纳米电子学、纳米加工技术和纳米计量学，促进了纳米技术的发展。由于该技术的特殊性，神奇性和广泛性，吸引了世界各国的许多优秀科学家纷纷为之努力研究。

当前纳米技术的研究和应用主要在材料和制备、微电子和计算机技术、医学与健康、航天和航空、环境和能源、生物技术和农产品等方面。用纳米材料制作的器材重量更轻、硬度更强、寿命更长、维修费更低、设计更方便。利用纳米材料还可以制作出特定性质的材料或自然界不存在的材料，制作出生物材料和仿生材料等。

3. 在畜禽养殖业安全生产、减少污染物方面的作用

目前，衡量畜产品安全性的主要指标有：重金属残留量、农药残留量及微生物残留量等。为使动物产品安全性提高，减少抗生素的使用，寻找一种更适宜的替代品成为世界性的一大难题。纳米技术的兴起，带来了解决这一难题的方法。

目前，科学工作者正在研制一种新型的可吸附霉菌毒素的纳米材料，动物即使食用了某些发霉饲料，这种纳米材料也能在胃肠道吸附这些有害的霉菌，使动物机体免受毒害。又如纳米ZnO是面向21世纪的饲料业新产品，无毒、无味、对皮肤无激性、易分解、不变质、热稳定性好，具有一般ZnO无法比拟的性能。它的主要作用机理为：纳米ZnO粉末在光照条件下，尤其在紫外线的照射下，在水和空气中能自行分解出自由移动的带负电的电子，同时留下带正电的空穴。这种空穴可以激活空气中的氧变为活性氧，有极强的化学活性，能与多种有机物发生氧化反应(包括细菌在内的有机物)，从而把大多数病菌和病毒杀死。而且由于粒径极小，可穿透细胞膜，降解细胞产生的毒素。研究实验表明：在5min内纳米ZnO的浓度为1%时，金黄色葡萄球菌的杀菌率为98.86%，大肠杆菌的杀菌率为93%，而且使用纳术微粒添加剂饲喂家畜并不会使其产生耐药性。从以上的研究中可看出，纳米微粒有强烈的吸附有毒有害物质并将其杀死的能力，可减少有毒有害物质在肉中的残留，提高畜产品的安全性和品质。此外，由于纳米ZnO粉末具有高吸收率、剂量小的特点，还可利用纳米ZnO粉末的强渗透性，减少胃肠吸收时体液环境与药物反应引起的不良反应或者吸收不稳定，同时纳米ZnO粉末具有大的比表面积，可吸收并分解臭气。

兽药采用纳米技术后，药效能够大幅度提高，从而可以降低使用剂量，可以在不换药的前提下解决药物残留问题。同时，纳米饲料添加剂、纳米微量元素在畜禽养殖业上应用也

受到关注。由于纳米技术的应用大大地提高了饲料的消化利用率，减少了粪污产量以及氮磷的排放量，从而减少了粪便中氮、磷以及有毒有害元素对环境的污染。总之，纳米技术是人类的又一里程碑，可使传统畜牧业产品“旧貌换新颜”，将会引起畜禽养殖业的重大变革。

三、A/O 脱氮技术

一般的活性污泥法都是以降解BOD_5为主要功能的，基本上没有脱磷效果，A/O生物脱氮工艺是由缺氧和好氧两部分反应组成的污水生物处理系统。污水进入缺氧池后，依次经历缺氧反硝化、好氧去有机物和硝化的阶段，流程的特点是前置反硝化，硝化后部分出水回流到反硝化池，以提供硝酸盐。

1. 基本原理

A/O是Anoxic/Oxic的缩写，它的优越性是除了使有机污染物得到降解之外，还具有一定的脱氮除磷功能，是将厌氧水解技术用为活性污泥的前处理，所以A/O法是改进的活性污泥法。

A/O工艺将前段缺氧段和后段好氧段串联在一起，A段溶解氧（DO）不大于0.2mg/L，O段DO为2～4mg/L。在缺氧段异养菌将污水中的淀粉、纤维、碳水化合物等悬浮污染物和可溶性有机物水解为有机酸，使大分子有机物分解为小分子有机物，不溶性的有机物转化成可溶性有机物，当这些经缺氧水解的产物进入好氧阶段进行好氧处理时，可提高污水的可生化性，提高氧的效率；在缺氧段异养菌将蛋白质、脂肪等污染物进行氨化（有机链上的N或氨基酸中的氨基）游离出氨（NH_3、NH_4^+），在充足供氧条件下，自养菌的硝化作用将NH_3-N(NH_4^+)氧化为NO_3^-，通过回流控制返回至A池，在缺氧条件下，异氧菌的反硝化作用将NO_3^-还原为分子态氮（N_2）完成C、N、O在生态中的循环，实现污水无害化处理。

2. 工艺特点

缺氧池在前，污水中的有机碳被反硝化菌所利用，可减轻其后好氧阶段的有机负荷，反硝化反应产生的碱度可以补偿好氧阶段中进行硝化反应对碱度的需求。好氧在缺氧池之后，可以使反硝化残留的有机污染物得到进一步去除，提高出水水质。BOD_5的去除率较高可达90%～95%以上，但脱氮除磷效果稍差，脱氮效率70%～80%，除磷只有20%～30%。尽管如此，由于A/O工艺比较简单，也有其突出的特点，目前仍是比较普遍采用的工艺。该工艺还可以将缺氧池与好氧池合建，中间用挡板隔开，降低工程造价，所以这种形式有利于对现有推流式曝气池的改造。

3. 影响因素

A/O工艺运行过程控制不要产生污泥膨胀和流失，其对有机物的降解率是较高的(90%～95%)，缺点是脱氮除磷效果较差。如果原污水含磷浓度小于3mg/L，则选用A/O工艺是合适的，为了提高脱氮效果，A/O工艺主要控制几个因素：

①混合液污泥浓度(MLSS):MLSS一般应在3000mg/L以上，低于此值，A/O系统脱氮效果明显降低。

② TKN/MLSS负荷率(TKN即凯式氮，指水中氨氮与有机氮之和)，在硝化反应中该负荷率应在0.05gTKN/(gMLSS·d)之下。

③污泥负荷率(BOD5/MLSS):在硝化反应中，影响硝化的主要因素是硝化菌的存在和活性，因为自养型硝化菌最小比增长速度为0.21/d;而异养型好氧菌的最小比增殖速度为1.2/d。前者比后者的比增殖速度小得多。要使硝化菌存活并占优势，要求污泥龄大于4.76d;但对于异养型好氧菌，则污泥龄只需0.8d。在传统活性污泥法中，由于污泥龄只有2～4d，所以硝化菌不能存活并占有优势，不能完成硝化任务。

要使硝化菌良好繁殖就要增大MLSS浓度或增大曝气池容积，以降低有机负荷，从而增大污泥龄。其污泥负荷率应小于0.18kgBOD_5/kgMLSS·d。

④污泥龄(SRT):为了使硝化池内保持足够数量的硝化菌以保证硝化的顺利进行，确定的污泥龄应为硝化菌世代时间的3倍，硝化菌的平均世代时间约3.3d(20℃)。若冬季水温为10℃，硝化菌世代时间为10d，则设计污泥龄应为30d。

⑤污水进水总氮浓度(TN): TN应小于30mg/L，NH_3-N浓度过高会抑制硝化菌的生长，使脱氮率下降至50%以下。

⑥混合液回流比(R):R的大小直接影响反硝化脱氮效果，R增大，脱氮率提高，但R增大会增加电能消耗，增加运行费。

⑦缺氧池BOD_5/NOx-N比值:H>4以保证足够的碳氮比，否则反硝化速率迅速下降;但当进入硝化池BOD_5值又应控制在80mg/L以下，当BOD_5浓度过高，异养菌迅速繁殖，抑制自养菌生长使硝化反应停滞。

⑧硝化池溶解氧(DO):DO>2mg/L，一般充足供氧DO应保持2～4mg/L，满足硝化需氧量要求，按计算氧化1g NH_4^+需4.57g氧。

⑨水力停留时间：硝化反应水力停留时间大于6h，而反硝化水力停留时间2h，两者之比为3∶1，否则脱氮效率迅速下降。

⑩pH：硝化反应过程生成HNO_3使混合液pH下降，而硝化菌对pH很敏感，硝化最佳pH为8.0～8.4，为了保持适宜的pH就应采取相应措施，计算可知，使1g氨氮（NH_3-N）完全硝化，约需碱度7.1g（以$CaCO_3$计）；反硝化过程产生的碱度（3.75g碱度/gNOx-N）可补偿硝化反应消耗碱度的一半左右。反硝化反应的最适宜pH为6.5～7.5，大于8、小于7均不利。

⑪温度：硝化反应20～30℃，低于5℃硝化反应几乎停止；反硝化反应20～40℃，低于15℃反硝化速率迅速下降。因此，在冬季应提高反硝化的污泥龄，降低负荷率，提高水力停留时间等措施保持反硝化速率。

四、生物除臭技术

家畜粪尿堆肥处理过程中会产生大量的臭气，并且臭气成分复杂，主要含有氨、含硫化物、胺类和一些低级脂肪酸类等多种化学物质，其中氨气含量最高，氨气的挥发不仅给操作人员带来不快感、引起人和家畜的呼吸道疾病，而且进入大气后增加自然生态系统中氮的负荷，同时大量氨气的挥发也会降低堆肥的含氮量。因畜禽种类、饲料不同，畜禽排泄物的成分各异，所排放臭气的成分和各成分含量也有很大变化，从而给除臭工作带来一定难度。

1. 家畜粪尿中臭气的主要成分及特征

家畜种类不同，粪便所散发出的臭气成分各异，例如猪粪以散发低级脂肪酸类臭气物质为主；鸡粪与尿同时排出，其中NH3和CH3SSCH3的含量特别高；牛粪散发出的臭气成分尽管以低级脂肪酸为主，但与猪粪、鸡粪相比，臭气成分种类少、含量小。另外，不同场合和不同养殖方式下，这些臭气成分存在的状态、含量的高低也不尽相同，例如猪场、牛场和蛋鸡养殖场，家畜经常排泄粪尿，即使新鲜的粪尿也常散发出臭气。若经常清理养殖舍，不会有大量的排泄物堆积，再加上养殖场地面积较大、通风好，所以臭气含量不太高；在肉鸡养殖场，常常肉鸡出栏后才对场地进行清理（一般为45d左右），尽管养殖场内采用添加有机敷料（如锯末、花生壳等）和通风等方式，由于鸡粪的分解，臭气含量往往很高。

2. 家畜粪尿堆肥化处理过程中臭气的发生特征

家畜粪尿堆肥的最初阶段，易分解有机物质的快速分解（一般3d内即可达到分解高峰）会消耗大量的氧气，从而造成局部缺氧并产生大量的含硫化合物。与此同时，也有少量的有机酸和NH_3。由于此时的pH较低，尚不会造成NH_3的挥发。随着堆肥内温度的不断上升，一些有机酸逐渐被分解，导致pH上升，就会出现大量的NH_3挥发。因此在堆肥舍内的空气中NH_3含量有时很高。上述一系列的变化主要发生在堆肥开始后的4d之内，在此期间，臭气成分中以含硫化合物、低级脂肪酸和NH_3为主，含量也较高，5d以后则以NH_3挥发为主，其他臭气成分含量逐渐减轻。由此可见，堆肥的最初阶段是抑制臭气产生的关键时期。大量研究表明，堆肥前进行水分和通气性调节、堆肥过程中强制通风、定时搅拌，满足了堆肥的好气性条件，臭气的产生就可得到抑制。但是，有研究表明，通过强制通气进入堆肥内部的氧气，在15min之内就可消耗完，因此即使有强制通风装置，在堆肥生产过程中也会有臭气发生。另外，在一次发酵的后期因有大量的氨气挥发，如果不将其消除，不仅会使操作者难以忍受，直接排入大气也会造成大气污染。所以，在家畜粪尿处理场设置除臭装置往往是必不可少的。

3. 除臭方法

目前，处理恶臭气体采用的方法有三大类：物理法（掩蔽和稀释扩散等）、化学法（氧化、吸收和吸附）和生物法（过滤、堆肥和土壤）。上述处理方法各有其优缺点。对于大流量、低浓度的挥发性有机废气和恶臭气体，使用物理和化学法处理存在投资大、操作复杂、运行成本高的问题。生物脱臭法是20世纪50年代后期发展起来的处理臭气的方法，该方法因其处理效率高、无二次污染、所需设备简单、便于操作、费用低廉和管理维护方便的特点，已成为许多国家研究的热点，是恶臭治理的一个发展方向。20世纪80年代初期，各国开始在这一领域开展了广泛的研究，其中德国和韩国取得显著效果。日本琉球大学农学系比嘉照夫教授培养出了EM菌群，即被称为有效微生物群（Effective Microorganism），同时又研究出各类微生物除臭的装置和设备，开始运用于冶金、石油、化工、畜牧业、污水处理厂等实际中。实践证明，微生物降解臭气的方法具有物理方法和化学方法无可比拟的优越性。

4. 生物除臭的原理

生物除臭基本上分为三个过程：第一个过程将部分臭气由气相转变为液相的传质过程；第二个过程是溶于水中的臭气通过微生物的细胞壁和细胞膜被微生物吸收，不溶于水的臭气先附着在微生物体外，由微生物分泌的细胞外酶分解为可溶性物质，再渗入细胞；第三个过程是臭气进入细胞后，在体内作为营养物质为微生物所分解、利用，使臭气得以去除，如下图9-1所示。

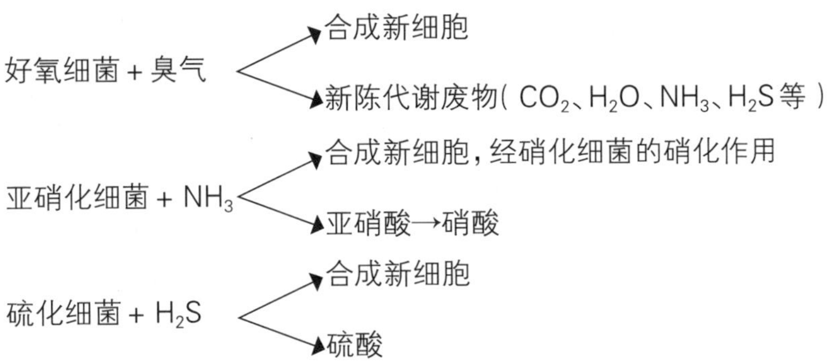

图 9-1　生物除臭的三个过程

从微生物除臭的原理可知，微生物除臭是多种微生物共同作用的结果。多种微生物共同作用更有利于吸收、分解产生的SO_2、H_2S、CH_4等具恶臭味的有害气体。同时，这些微生物又可以产生无机酸，形成不利于腐败微生物生活的酸性环境，并从根本上降解分解时产生恶臭气体的物质。这是微生物在除臭方面取得良好应用效果的原因之一。

5. 生物除臭法的种类、特点及其应用

生物除臭法利用微生物来分解、转化臭气成分以达到除臭目的，因此也叫微生物除臭法。生物除臭法中有土壤除臭法、珍珠岩棉除臭法、堆肥除臭法、活性污泥除臭法、泥炭土除臭法和锯末除臭法等。由于来自畜禽养殖或粪尿处理场的臭气中最主要成分是NH_3和H_2S（生物除臭法也正是源于此目的而发展起来的），所以这些方法对于消除NH_3和H_2S的臭味最为有效。在脱臭材料中起作用的微生物主要有硝化细菌、亚硝酸菌、反硝化细菌、硫细菌等，因此，在生物除臭法中，只要通入的臭气量不超出微生物的分解能力，不必经常交换除臭材料就可以在较长时间内维持良好的除臭效果。下面就生物除臭方法加以详细介绍与分析。

（1）土壤除臭法

土壤除臭法是将臭气通入土壤后，臭气成分首先被土壤颗粒吸附或溶解于土壤水溶液中，然后在土壤微生物的作用下将其分解转化，达到消除臭气的目的。这种方法是生物除臭法中应用最早的一种，但只是到20世纪80年代才受到重视并逐渐普及。因为该方法管理和使用简便、不需要添加任何微生物和其他辅助性材料，至今在国外尤其是在日本和欧洲应仍相当广泛。适合于该方法的土壤要求具有质地疏松、富含有机质、通气性和保水性能强特点，符合这些条件的土壤主要有火山灰土和腐殖质土（如森林表层土）。在无法得到上述土壤的情况下，也可以进行人工配制。例如，可以利用一些肥沃的表层土壤与一些有机

材料如堆肥等按一定比例混合制成。由送风机将臭气送入土壤槽下部的主通风道，然后由支通风道分散到土壤槽底部的各部分，由支通风道出来的臭气通过较大石块的空隙依次进入砂层（或碎石层）和土壤层，并逐渐扩散开来被土壤颗粒吸附，最终被土壤中微生物分解转化。土壤除臭装置中，除臭用的土壤层一般在50cm左右（最初土壤层厚度在60cm左右，久后逐渐压实到50cm左右），设计除臭能力一般以通入空气中的NH_3（在此以NH_3计）平均含量在200mg/L以下为宜。土壤下部通气静止压力最好在2000～3500Pa，如果通风速度过高就会引起土壤颗粒发生震动而导致土壤压实，致使通气阻抗力增加并降低除臭效果。通入的NH_3如果超过了土壤微生物每日能作用的量，除臭效果就会降低。另外，长时间通入高温气体不仅会快速降低土壤水分、破坏土壤结构，而且会使土壤微生物失活或死亡。因此，通入的空气温度不能超过40℃。相反，如果通入气体温度低于10℃也会降低微生物的除臭能力。为了防风、防雨，整个土壤除臭装置应设置在塑料大棚内，冬季也可以起到保温的效果。土壤除臭法最大的缺点是占用土地面积大，为了克服这一缺点，在实际运用中可以添加一些质地疏松、通气性好的无机材料如珍珠岩等，可以在一定程度上减少占用土地面积。但使用一定时间后，不仅因细小的土壤颗粒进入这些无机材料的小孔隙使其通透性降低，土壤本身也会逐渐变得坚实，其通气性大大降低。因此使用一段时间后应将土壤翻起进行人工疏松有利于空气流通。此外，在温暖季节土壤表层容易生长杂草，因为根系的生长也会影响土壤的通气性，所以最好及时除去，当然，在不影响通气的情况下也可以种植少量花草美化环境。

（2）珍珠岩棉除臭法

为了克服土壤除臭法占地面积大的缺点，近几年又开发出了珍珠岩棉除臭法，除臭原理及除臭能力与土壤除臭法相似。在农业生产中珍珠岩棉通常作为营养液栽培的基质被广泛使用，由于该材料膨松、密度小（400kg/m^3左右），通气阻抗力只有土壤的1/3～1/5，使用该材料制作的除臭装置充填高度可以为土壤的3～5倍，因此除臭装置占地面积大大减少。本方法存在的缺点是因为珍珠岩棉材料膨松、通气性好，因此很容易失水而干燥。在使用这种方法时，除臭槽的上部必须配有散水管道，定时补充散失的水分。另外，珍珠岩棉是一种无机材料，本身不仅吸附能力很小，而且也无除臭能力，所以必须通过接种微生物和提供微生物活动所需的营养物质后，才具有了除臭效果，至于向装置中添加何种微生物和提供什么样的营养物质除臭效果才最好，尽管目前没有统一的结论，但在制作除臭装置时向珍珠岩棉中混合一定比例的富含微生物的有机性材料如腐殖质土、活性污泥等，经过一定时间的驯化后就有非常好的除臭效果。

（3）堆肥除臭法

该方法是将臭气直接通入处于后熟阶段的堆肥材料中，以达到消除臭气的目的。但是，这种除臭方法的效果不稳定，常因堆肥种类和性质不同除臭效果相差很大。比较而言，将臭气直接通入正处于后熟阶段的牛粪堆肥中，除臭效果最好；其次为猪粪；将臭气通入鸡粪堆肥中，因鸡粪中NH_3含量高易导致NH_3挥发增加。由于这种方法不需要专门建设除臭装置，因而可以节省土地和设备投资，所以是一种非常有前途的除臭方法。

（4）活性污泥除臭法

该方法是将臭气通入污水处理中的活性污泥曝气池中，利用污泥中的微生物将臭气分解转化，从而起到除臭的目的。活性污泥除臭法的除臭效果主要取决于臭气成分和污水、污泥的接触状况，臭气成分在污泥中分散越好及接触时间越长，除臭效果就越好。虽然这种方法也不需要投资建设专门的除臭装置，但由于受活性污泥曝气池的限制，所以只适合于那些具有污水处理设备的场所使用。在我国一些大型的养猪场大多采用冲水方式清理猪场粪污，经固液分离后再单独处理粪便和污水，所以在进行养殖场或畜粪堆肥处理场的除臭时，可以试一试这种除臭方法。

（5）泥炭除臭法

泥炭土（或草甸土）富含纤维素物质，质地疏松、通气性好，非常适合于微生物生长和繁殖，是一种理想的除臭装置填充材料。因此，泥炭除臭法在一些养殖业较发达的国家特别是在欧洲一些国家应用较早，至目前为止应用也非常广泛。但是，由于这些材料本身属有机易分解材料，长时间使用会因材料本身的分解而变得通气不良，所以使用一段时间应及时更换。另外，泥炭因产地不同，其种类、性质、保水性等也都不同，因此在选择使用时要注意。

（6）锯末除臭法

锯末除臭法是近年来才开发出的一种新的生物除臭方式。由于锯末具有通气性好、吸附性强、保水性适中、适合于微生物生长和繁殖等特点，因而是一种较好的除臭装置填充材料。但是，不同树木种类的锯末性质差异较大，所以在应用时须注意。例如，与针叶林树木相比，阔叶树木材锯末含油分少，吸附性大，分解性好，因而除臭效果相对较好。在实际应用中，为了提高锯末的除臭效果，向除臭装置内填充前应向锯末内添加一些富含微生物的有机材料和提供微生物活动所需的营养物质，以提高锯末中微生物的活性；或者在向除臭装置中填充前，先将锯末进行一定时间的堆腐，以增加锯末中微生物的数量。此外，由于锯末本身也具有一定的分解性，所以使用一定时间后就会因分解而变得通气不良，除臭效果下降，应用中应注意观察和及时更换锯末。

6. 生物除臭法的发展趋势及研究动向

（1）开发研制新的填充材料

生物除臭法装置中的充填材料最初都是采用一些天然材料或经适当加工处理后的天然材料如土壤、泥炭土、沸石、珍珠岩、锯末、堆肥等，尽管这些材料具有价格便宜、材料易得等优点，但是大都存在着占用土地面积大、保水性不强、pH缓冲性能小、不适于微生物大量着生和不宜商品化等缺点。另外，一些材料经使用一定时间后也会因材料自身的分解或因流通气体的扰动通气阻力增加，必须重新填充或进行材料更换等。为了克服上述不同缺点，许多研究开发机构都努力开发那些适宜微生物大量着生、吸附性强、保水性强、自身不易分解等兼具各种优点的特殊材料。到目前为止已相继开发出了多种新材料，如利用天然沸石与活性炭进行特殊加工合成的材料、多孔质金属氧化物、泥炭纤维与塑料进行特殊加工合成的材料、PVA(聚乙烯醇)颗粒等特殊材料，这些新材料的开发成功，大大促进了除臭装置的商品化，同时也促使人们去开发更加新型的材料。目前我国化工行业为了消除工厂尾气，也开展了这些方面的开发与研究工作，但由于开发出的产品价格高、适用性小等多方面的原因，目前在畜禽养殖和粪污处理上应用还较少。因此，我国也应加快开发和推广那些价格便宜、处理成本低、操作简单的除臭技术应用于养殖业中，以减轻因养殖业发展给农村环境保护带来的压力。

（2）除臭菌的分离

生物除臭法中最主要的作用者是除臭微生物，但臭气的消除并不是单一或几种微生物作用的结果，而是众多普通微生物共同作用的结果，并且这些微生物都自然存在于空气、土壤、污泥和各种有机无机废弃物中。另外，一种臭气分子经微生物分解后的产物又可能是另一种微生物的营养物，况且大多情况下由臭气源排放的臭气往往是一种复合臭气，即多种臭气的混合物，也不可能单靠一种微生物就能将臭气全部除去。当然，有一些微生物对某些臭气分子的亲和力特别强，将这些微生物进行分离、培养后进行研究具有较大的科学意义。但是经分离、扩大培养并应用于实际后的单一菌种往往达不到理想的除臭目的，因此，国外的一些除臭研究机构非常重视如何将微生物与填充材料能完美地结合和长期保持较高的微生物活性等方面，而不特别注重单一除臭菌的分离与开发。在制作除臭装置时，首先采取某一环境下的土壤、污泥等材料，在水中搅拌混合后向这种混合液中通入要消除的臭气，经过一定时间后那些对通入臭气有较好亲和力的微生物就会大量增殖、因此，在这种混合培养液中就可能含有除臭能力很强的微生物，将这种培养液与填充材料混合并加入到除臭装置中就会具有很好的除臭效果。因此，在应用中没有必要筛选和分离某一除臭菌。

综上所述，用于除臭的方法有很多种，但以生物除臭方法投资少、运营成本低、技术简单、便于推广，因此比较适合我国大中型养殖场。值得注意的是，该方法是基于微生物的活动来分解转化臭气成分，如果送入除臭装置中的臭气量或含量超过了微生物的分解能力范围，将会使微生物失去活性甚至死亡，达不到除臭效果。在实际运用中首先采取措施降低臭气的产生，然后选择合适的除臭载体材料并建立适宜规模的除臭装置就可以进行有效地除臭。

DI-SHI ZHANG

CHUQIN FENWU JI FEISHUI CHULI XINXIHUA JISHU

第十章 畜禽粪污及废水处理信息化技术

一、AWM 系统

美国农业部研发的畜禽养殖废弃物管理软件(Animal Waste Management，简称AWM)是针对畜禽养殖废弃物管理的计算机软件。该软件包含了畜禽废水产生量计算，营养元素含量的计算，作物—土壤需水需肥量计算，废水储蓄塘设计等九个模块。AWM系统根据畜禽类型估算养殖周期内的月排泄粪污量、相应冲洗水量和垫草量，设计简单的就地处理方式和处理设备(厌氧塘或储存容器)尺寸，最后粗略估算施用粪肥后农田养分平衡。通过以上组合功能指导养殖场主对产生的粪污进行合理处置，避免污染。

1. 模型概述

AWM模型是一种实用的设计工具软件。其运用的计算方法和程序基于美国农业部全国咨询中心(USDA-NRCS)的农业废物管理手册。程序自带数据库，但也可根据地方特征输入数据。AWM以月为步长采取连续模拟方法，输入参数包括养殖周期、当地气候条件、畜禽种类、粪污排放点、清污过程中所产生的废物，同时考虑地表径流，帮助养殖场主优化养殖场粪污处理程序，根据排污量设计畜禽粪便储存池尺寸。此外，AWM模型还可以通过粗略计算农田系统养分平衡，评估输入的粪肥对农田生态系统的影响，避免N、P输入农田过量造成污染。该模型主要特点包括以下10个方面。

①提供八种畜禽的粪污特征，也可以对这些特征进行修改和增加。

②将清污的垫草和冲洗水也考虑进污染物中。

③跟踪养殖场多点产生的粪污。

④新增加处理流程的设计，包括养殖场废物固液分离、堆肥、厌氧塘。

⑤考虑降雨和地表径流产生的影响。

⑥增加以存储时期或抽水后水位降低时期来决定废水储存池的大小。

⑦以月为步长，估算每一处理或储存期的水量和粪污量。

⑧建立粗略的农田养分平衡。

⑨提供每个处理或储存阶段的示意图。

⑩得出生产标准条例报告，并对这一处理系统存档。

2. 模型结构

AWM模型在运行过程中由九个模块组成，需要依次输入资料数据，结果可以得出养殖场运行所需要的粪污储存设备的容积、具体尺寸以及废水处理设施月处理水量。如果将处理水进行还田灌溉，程序综合目标作物的产量和农田面积评估输入的氮磷钾的平衡量，提示养殖场主这一做法对农田生态系统造成的影响。以下对各模块做简单介绍。

（1）地理和气候条件

设计者需要选择养殖场所处地理位置、过去25年中暴风雨时的降水量以及当地一年中的月平均降水量和水分蒸发量。如果粪污处理程序中选用厌氧消化，那么还要量化当地湖泊活性以及厌氧负荷率、厌氧挥发性固体承载率等参数（来自程序自带数据库）。

之所以输入这些数据，是因为降水和地表径流造成的存水量需纳入粪污存储和处理设备的设计中。数据库中统计的降水量和地表蒸发量总结30年的数据，也可以自己输入数据。

一般选择地理位置，程序会自动从数据库中调出相应的月降水量和水分蒸发量。当然，也可以根据当地的自然气候条件输入数据。同时数据输入时需注意，出现红色框代表这个数据超出了数据库正常值水平，这个水平值可以在工具栏中被修改。

（2）畜禽特征

设计者通过选择畜禽种类，生长阶段（可多选）、养殖数量、单只重量得出畜禽每头每天可能会产生的粪量；粪污中可挥发性固体量、粪污中总固体量和日总排粪量。

（3）粪污来源地

来源地的确定应考虑到畜禽在养殖场一天的活动中粪便主要的集中地。以总排污量100%计算，分别输入牲畜在养殖场各处排粪量百分比（如：奶牛场，挤奶车间20%，畜棚80%，牧场0%），以此成为设计处理设备的依据。

（4）清污过程中产生的附加废物

在畜禽粪便清理过程中使用的冲洗水以及覆盖粪便的草甸也是养殖场污染物的一部分，所以在设计贮存池时，也要将这一部分考虑进去。通过输入日清洗水量、垫草类型，结合以上输入的数据得出垫草日用量、体积。但要注意的是，在输入用水量时不需要考虑水的循环利用，否则会因此造成设计处理水量偏小。

（5）地表径流

养殖场中还存在一些较易被饲养者和管理者忽视的污染隐患，即养殖场的储粪池、生化塘或氧化塘等污染储存或处理设施，若深度和容量不够，大雨时粪尿以及尚未净化完全的污水便随雨水一起溢出，造成地表水体污染。所以，软件将地表径流作为考虑对象，纳入下一步的粪污处理设计中，并将地表径流的影响扩大化，以引起养殖场主的重视。AWM模型考虑两种地表径流：封闭流域内，如屋顶、混凝土板上收集的雨水；开放流域内，如饲育场内收集的雨水。

（6）粪污处理程序

设计者自行选择处理程序，但最多可以设计依次三种处理方式，包括：固液分离、固—液体废物分流储存处理（堆肥—厌氧塘）。同时，厌氧塘消化处理被程序默认为粪污处理程序的终点。

（7）深度处理设备设计

AWM模型提供除固液分离设备以外的如粪污储存容器或厌氧塘消化等实施的结构尺寸设计。

（8）施肥控制

施肥控制是一种简单的检查工具，用于粗略估算农田养分平衡，比较施用到农田中的粪肥中含有的营养物质与作物所需营养元素量之间的平衡关系。用于衡量粪污的土地消纳利用处理过程中输入的氮磷钾量是否超过了作物生长利用的量。只能预测粪污还田对农田环境的影响，不涉及作物生长所需营养量的计算。并不能精准指导农田作物施肥，只是对处理后养殖废水回灌农田的环境影响进行评估，以指导养殖废水安全回灌农田资源化利用。

①切合实际的目标产量。

首先确定合理的作物目标产量，是科学评价农田养分平衡的前提。制定目标产量关系到施加的肥料量，这涉及环境问题和耕种成本问题。制定与当地气候条件、土壤理化性质相适应的作物目标产量要考虑以下几个方面的问题：首先制定的目标要略高于该地块的平均产量，这样才能保证作物产量随时间呈现缓慢的提高；记录至少五年的产量；上文所提到的标准要略高于平均产量是指高于过去3～5年的平均产量而且要接近记录在案的最高产量。具体有两种计算方法：a. 目标产量=110%～130%平均产量；b. 目标产量=过去五年中三次高产量的平均数。

②粪污取样和指标测定。

除了作物需肥量，还要测定施加粪肥中营养元素的含量。取样频率一般为一年一次，但如果处理方法发生改变，也需要取样测定。主要指标包括：粪便含水量、可溶性盐或电导率、全氮、氨态氮、硝态氮、全磷、钾等。

③农田养分平衡的计算。

粪肥中氮素的有效性决定于粪肥的种类、存贮和处理方式、施加方法、气候和环境条件。第一年施加氮肥的有效性为30%～70%，以后逐年递减；而P和K的有效性每年都在90%～100%。AWM模型关于农田养分平衡的计算方法基于以上理论，当确定作物种类及目标产量后，相应的需肥量也就确定了。进一步测定处理后粪污的养分含量以及营养元素的有效性，可以计算出粪污回灌农田的养分平衡。

3. 适用范围

AWM模型主要应用于两个重点领域。一方面作为一种设计工具，通过计算畜禽废水产生量和设计储蓄塘推动养殖场合理优化畜禽养殖废物的处理；另一方面，通过对营养元素含量的计算，评估作物—土壤养分平衡，从而指导畜禽粪污回用农田的养分管理，是加强畜禽粪便污染物的管理及其资源化利用的实用工具模型。

4.AWM 模型应用概况

AWM模型是一种工具式模型，结合畜禽养殖的实际情况，同时充分考虑了当地气候、地势等因素，设计粪污储存或处理设备。同时，对处理水还田灌溉条件下的农田营养元素平衡进行粗略估算，指导养殖场废水在农田合理施用，避免环境污染。由于AWM模型的实用性，在美国这一设计工具无论是在大型规模化养殖场还是在小型农户已得到广泛应用，在应用过程中，模型也在不断地得到完善。其中一些参数的确定主要来自实际生产中的经验，符合美国本土的75%以上州的实际情况。

目前，AWM模型在中国的应用少有报道。但随着我国规模化畜禽养殖业的迅速发展，以及对于养殖业生产过程中污染物治理技术研究的进一步深入，AWM模型对于畜禽养殖场废物处理及其资源化利用将可能发挥一定的指导意义。

二、MEDLI 系统

国内外科学家为解决畜禽污染物污染问题做了大量的研究和实践工作，并从自然和社会科学两个角度提出了众多的污染防治方法，其中畜禽污染物还田是一种比较切合实际的污染物处理方式，这种方式的优点在于：第一，减少了畜禽污染物“达标排放”的处理费用，使畜禽污染物处理费用不再成为畜禽养殖场沉重的经济包袱；第二，解决了从畜禽养殖业到种植业之间的“断链”问题，实现了养殖业—种植业的良性循环，既解决了畜禽养殖业的环境污染问题，又增加了土壤养分含量，减少了化肥的使用量，降低了农业生产成本，提高了农业效益。

畜禽污染物还田利用在我国已有上千年的历史，然而这种传统的粗放式的还田方式并没有解决畜禽污染问题，反而使我国的畜禽污染问题有越演越烈之势，究其原因主要是因为传统的污染物还田并没有充分考虑畜禽污染物的特性、土壤及作物营养需求量、土壤的水分运动规律、当地的气候特征、污染物施用农田的风险及污染物还田的经济效益等因素，而只是将土壤作为一种天然的无限制的污染物处理场所。因此，改变这种传统的粗放式的还田方式是解决畜禽污染的有效途径之一。如果用手工方式考虑、有效组合以上各种因素，对于一般的人员是很难做到的，而采用现代信息技术，将这些因素所涉及的大量公式及模型用计算机处理，使畜禽污染物还田问题简单化、程序化，则可收到事半功倍的效果。MEDLI2.0软件就是一个很好的例子。

MEDLI2.0（Model for Effluent Disposal Using Land Irrigation）是由澳大利亚WMPC公司设计的一款基于Window运行环境的商业软件，其主要应用领域是解决畜禽污水灌溉农田引起的污染问题。它是大量的模型、经验公式的集合。MEDLI2.0的组件结构及几大主要模块的功能作一简单的说明。

①气候数据（Climate Data）为了估算作物需水量，模拟作物生长，进行水平衡计算,MEDLI2.0软件需要当地的降水量、蒸发量等气候数据，对于澳大利亚本土的用户，用户在购买MEDLI2.0时可以同时购买相关的气象资料，也可以向当地气象部门索取相关数据。

②废弃物评估（Waste Estimation）。

a.估算集约化畜禽养殖场每日产生的未经处理的污染物构成及体积等参数，这些参数一般包括：污水总体积、总固体物质、挥发性固体物质、总氮、总磷、钾含量和总可溶性盐分。

b.估算畜禽污染物的数量及成分一般需要考虑大量的因素，如对于一个猪场来说，这些因素包括：猪的饲料配额、猪的年龄和体重、散落的饲料及溢出的饮用水的量、冲洗猪舍用水量、猪饮用水水量、冲洗猪舍重复循环利用的水量、污染物处理方法（如好氧处理、厌氧处理、机械处理等）。

c.对于其他的畜禽污染物，由于其自身的特点及污染物处理、处置方法的不同，需要考虑的因素也有一定的变化，MEDLI2.0详细设计了猪场、饲育场、奶牛场及污水处理厂等工厂在进行废弃物评估时需考虑的因素，对于其他相关企业，用户可以根据实际选择需考虑的因素，并可将各因素进行有机组合。

③反应池化学及水平衡（Pond Chemistry and Water Balance）模块由大量的化学反应平衡等式构成，这些化学平衡式包括水力平衡式、氮、磷、钾、总可溶性盐分平衡式、物料平衡式等，MEDLI2.0通过这些平衡式的计算，可粗略估算通过处理后的污水的成分变化及体积变化等参数。

④污水灌溉及外水补给（Irrigation and Supplying）模块可根据农田水分含量及作物需水、肥量计算农田灌水需要。农田灌溉需水是否得到满足取决于灌溉系统及灌水量的可获得性，如果污水池中的水无法满足灌溉的需要（如水量不足或污水盐分、养分含量太高不能满足可持续农田发展的需要），则需要有外来水源的补充。

⑤土壤水分运动（Soil Water Movement）模块是MEDLI2.0软件的关键部分，土壤水分运动决定了灌水的频率、污水利用情况、植物生长、土壤养分及盐分运动。MEDLI通过计算每日的降水量、蒸发量、植物蒸腾量、农田灌水量、水分流失量等参数来计算土壤的水分平衡情况。

⑥土壤养分运动（Soil Nutrient Movement）模块主要掌握土壤的营养状况，是对土壤进行合理施肥和防止农田面源污染的关键。然而土壤养分运动尤其是土壤中氮素的循环对于一般的软件用户很难掌握和计算，MEDLI2.0充分考虑到了这一点，它把大量的土壤养分运动模型公式隐藏在简单的窗体界面之下，用户不必了解这些复杂的模型，只需根据计算的需要输入相应的参数如土壤有机态氮的初始矿化速率、反硝化速率，土壤pH、土壤温度、湿度、含水量等，MEDLI2.0就会自动计算土壤氮素、磷元素及有关盐分的迁移转化情况。

⑦植物生长（Plant Growth）模块可以计算植物的生长量，植物从农田灌溉的污水中吸收的氮、磷量。植物生长模块适合于以下四种情况植物生长相关数据的计算：长年生草本植物、一季生草本植物、牧草与作物轮作制度的相关植物生长数据的计算、木本植物相关生长数据的计算。

⑧地下水模块（Groundwater Transport）模块模拟土壤水分及水中溶解的某些土壤污染物质的运动，以此了解土壤不同剖面水分及污染物质的扩散规律及含量变化情况。

⑨健康风险评价（Pathogen Health Risk）模块可以根据用户提供的环境参数如气温、风速、空气稳定性等预测每次土壤灌水后植物表面、土壤表面及空气中的病原微生物的数量，从而预测对人体健康的风险性。

⑩贮存池结构尺寸、灌溉面积优化模块（Pond Size Irrigation Area Optimization）可根据修建污水池的成本及环境要求（如污水外溢的频率、污水重新利用的百分比、农田灌溉需求满足情况、作物产量等）反复计算贮存池的体积与农田灌溉面积之间的最佳组合，并可将各组合产生的结果以等值线图的形式直观的表达，供用户决策。

⑪结果输出（Results）模块输出分两种情况，一是总结性输出，二是全部结果输出。总结性输出一般包括以下几个方面：污水处理厂运行状况总结；每月的气候状况、土壤状况及污水特征等；污水处理系统水、氮、磷、盐分大致的平衡状况；污水处理池营养元素含量盈亏变化；污水灌区土壤水分、养分、盐分变化情况；污水灌区植物生长量；污水灌区地下水水质变化情况等。

全部结果输出除了以上内容外还可按时间序列（年、月、日）把输出的结果图形化，并可计算某些统计数据如均值、最大最小值等。

三、信息化技术应用与发展趋势

畜禽污染物处理信息化技术虽然在污染物处理中发挥着越来越大的作用，但在应用过程中暴露出的各种问题也值得我们深思，这些问题最直接表现就是畜禽养殖企业采用信息技术结合污染物处理方法处理畜禽污染物的工艺还没得到普及。总结起来主要有以下几方面的原因。

1. IT 技术效益的不确定性

在市场经济条件下，没有利润的企业是无法正常生存下去的。畜禽污染物经处理后最终产品虽然也会给企业带来一定的利润，但污染物处理过程总会产生各类费用，要最大限度地降低污染物处理费用，企业可以采用以下几种方式：采用更先进的畜禽养殖及污染物处理技术和装备，降低污染物处理成本；交纳一定费用，由专业的污染物处理企业处理畜禽污染物，采用现代信息技术(IT)，优化污染物处理方式，降低污染物处理成本，增加效益。

对于IT技术的投入是可计算的，而其带来的收益却有一定的不确定及难计算性，这与集约化养殖场自身的情况及其他某些外界因素有关。

2. 计算机软件的易用性

如果某种软件在使用时需花费大的精力学习，数据的输入及输出要花数个小时，即使功能再强大的软件系统也不会得到大范围的推广应用。随着软件图形化操作界面的改进，这种情况总体上得到了改善，但软件界面设计的易懂性及数据输入错误的易排除性方面还有待加强。

3. 软件输出结果的可靠性

集约化畜禽养殖场污染物处理软件一般包含数学模型。数学模型在结果计算时不可避免的会产生一定的误差，而这些误差会在数据处理过程中不断积累，最终可能造成软件计算结果与实际不符或输出结果只是某种平均水平，而与某企业的实际有一定的差异。

4. IT 技术的专用性及通用性问题

由于集约化畜禽养殖场的情况千差万别，再优秀的软件设计者也不可能穷尽每一用户的所有需求。另一方面，软件设计者与软件用户对软件功能的需求及软件实现的目标往往也存在一定的差异，例如某软件可以计算出某农场整体所需施肥量，但用户却关心具体某一块地需要的施肥量等。

5. 软件包含模型的实效性问题

畜禽污染物处理软件都是以某些畜禽污染物处理技术模型为背景的，而畜禽污染物处理技术是不断发展及改进的，如果某项更先进的污染物处理技术应用到了实践中，而软件本身没有得到及时的更新，软件就会失去其使用性。

6. 企业对信息技术在畜禽污染物处理中的作用缺乏了解

任何一项新技术被用户接受都要建立在使用者对其了解的基础上，现代信息技术与传统的污染物处理工艺结合给企业处理畜禽污染物带来了全新的概念，而用户接受这种新的技术必然需要一个过程。

随着全世界信息技术的不断发展及畜禽污染物处理方式、方法的不断完善，集约化畜禽污染物处理软件也在发展中不断改进，以适应社会的需求，其发展趋势如下。

（1）与其他集约化畜禽养殖场应用软件集成，提供一站式服务

随着信息技术的发展，集约化畜禽养殖场建设的信息化已成为工厂发展壮大、提高生产经营效益的必然选择。因此某些畜禽养殖场管理系统也逐步被应用到企业的实际生产中，如PIGWIN、PIGMA及中国农业科学院研制的现代化养猪场计算机管理系统(2000智能版)等。但这些软件一般只对畜禽生产过程进行管理，而对于生产过程产生的畜禽污染物处理及利用方式方法却没有涉足。MEDLI2.0及AWM等软件则只是畜禽污染物处理软件，而无法满足用户对畜禽生产过程进行科学管理的需求，这给用户带来了不便。因此，软件功能集成将是集约化畜禽污染物处理软件发展的一个方向。

（2）提供软件定制功能，满足不同用户的需要

软件开发商提供的软件不可能满足所有用户的实际需要，这就要求集约化畜禽污染物处理软件要有二次开发功能，用户可以在软件公司提供的基础软件的基础上，通过二次开

发，来满足本公司的实际需求。

（3）将更加精确、合理的与畜禽污染物处理相关的模型应用到软件中去，使软件输出的结果与实际情况更加相符

集约化畜禽污染物处理软件的核心是其采用的污染物处理模型，关键是如何控制各模型在数值计算过程中产生的误差的累积。只有采用更加精确的、能充分反映实际污染物处理情况的模型，运用更合理的数值计算方法，畜禽污染物处理软件才能被用户认可，可能有更好的发展。

（4）向易用性和人性化方向发展，以满足普通用户的需求

信息技术应用于集约化畜禽污染物处理不是给企业带来负担，而是给企业在污染物处理中带来方便，因此，软件在设计时应本着简单化、自动化、智能化的原则，最大限度减少用户学习、使用软件时的障碍，达到易用、好用的目的。

（5）与畜禽养殖及畜禽污染物处理设备结合，实现数据的自采集及自处理，实现对设备的计算机智能驱动

集约化畜禽养殖场计算机自动化管理、自动化控制将是21世纪畜禽养殖业发展的一大趋势，而畜禽污染物处理软件也会随着这一趋势不断得到发展，实现数据由人工输入到信息自动采集，输出结果直接驱动相关设备的运行，真正实现信息化管理。

DI-SHIYI ZHANG
DIANXING ANLI FENXI

第十一章 典型案例分析

一、江苏省盐城市畜禽粪污处理案例

盐城市是江苏省畜牧养殖大市。随着畜牧业快速发展，畜禽粪污对环境影响日趋严重。通过调查总结和分析本市“粪池还田处理、能源和肥料综合利用处理、微生物发酵床处理”三种畜禽粪污处理模式的各自特点，根据对畜禽粪污实行“减量化、资源化、无害化、生态化”处理利用的原则，结合本市土地资源、生态环境条件、畜禽养殖设施装备和技术水平，提出推进本市畜禽粪污处理利用的对策措施，以保障畜牧业持续、高效、健康发展。

1. 畜牧业发展概况

盐城市地处苏北黄海之滨，“长江金三角”经济区，上海大都市2h经济辐射圈，交通便利，气候温和，雨水充沛，四季分明，土地资源特别是沿海滩涂丰富，发展畜牧业条件得天独厚，区位优势明显。近年来，由于政府重视、政策扶持，畜牧业一直保持快速发展，为全省畜牧业大市。主要表现为：

①畜禽及其产品总量稳定发展。2012年全市生猪、家禽、羊和兔饲养量分别达1249.65万头、30736.46万羽、534.67万只和659.38万只，同比分别增长8.4%、5.95%、2.3%和3.7%；肉、蛋、奶总产量分别达95万吨、120万吨和7.2万吨，同比分别增长9.3%、10.1%和21%。

②畜禽规模养殖水平快速提升。2012年全市生猪规模养殖户12680户，养殖规模化比例达80.3%，比去年提高10.3个百分点，其中大中型规模比重提高12.8个百分点，达56.1%；肉禽规模养殖户2059户、规模养殖比例90%，同比提高2个百分点；蛋禽规模养殖户12171户，规模养殖比例95%，同比提高2个百分点；奶牛规模养殖户25户，规模养殖比例100%。

③畜禽养殖经济效益不断提高。2012年全市牧业总产值达253亿元，牧业产值占农业产值比重达29.8%，牧业人均增收达210元。畜牧业已成为盐城市优化农村农业产业结构调整，促进农业增效、农民增收的骨干支柱产业。

④畜牧业产业化进程稳步推进。近年来，随着上海光明、广东温氏、中粮集团、正大集团等全国知名农业龙头现代农牧企业先后落户盐城，由畜禽规模养殖场(户)牵头组织成立的畜禽专业合作社、合作社联合会等经济合作组织不断发展壮大，本市以“公司+基地+农户”、“公司+合作社+农户”、“合作社+农户”为主的新型“技术＋生产＋经营”模式进行发展。

2. 畜禽养殖污染物产生情况与特点

（1）畜禽粪尿及污水产生系数和畜禽粪尿污染物

根据对全市畜禽养殖污染物产生量的调查测算，各种畜禽粪尿及污水产生系数详见表11-1，畜禽粪尿污染物平均含量详见表11-2。

表 11-1　畜禽污染物产生系数 [千克 / 年・头 (只)]

畜禽种类	猪	奶牛	蛋鸡	肉鸡	鸭	鹅
粪产生量	390	9000	45	30	45	90
尿产生量	870	2100	—	—	—	—
污水产生量	4000	12000	360	90	360	450

表 11-2　畜禽鲜粪尿污染物平均含量（kg/t）

粪尿类别	猪	COD_{cr}	BOD_5	NH_3-N	TP	TN
牛	粪	31.0	24.53	1.71	1.18	4.37
	尿	6.0	4.0	3.47	0.40	8.0
猪	粪	52.0	37.03	3.08	3.41	5.88
	尿	9.0	5.0	1.43	0.52	3.3
鸡粪尿		45.0	47.87	4.78	5.37	9.84
鸭、鹅粪尿		46.0	30.0	0.80	6.20	11.0

（2）畜禽养殖数量和污染物产生量

2012年全市全年出栏生猪803.01万头，出栏家禽19022.57万只，其中：蛋鸡9411.41万只、肉鸡9611.15万只、鸭1654.24万只、鹅1060.13万只，存栏奶牛1.29万头。根据表11-1畜禽养殖业污染物产生系数，表11-2畜禽鲜粪尿污染物平均含量测算，2012年度全市共产生畜禽粪尿1907.80万吨，其中COD_{cr} 62.79万吨、BOD_5 54.54万吨、氨氮5.53万吨、TP 6.31万吨、TN 13.10万吨，污水8553.22万吨。

表 11-3　2012 年畜禽污染物 [万头 (只)、万吨 / 年]

品种	养殖数量	粪、尿	污水	COD_{cr}	BOD_5	NH_3-N	TP	TN
蛋鸡	9411.41	423.51	3388.11	19.06	20.27	2.02	2.27	4.17
肉鸡	9611.15	288.33	865.00	12.97	13.80	1.38	1.55	2.84
鸭	1654.24	74.44	595.53	3.42	2.23	0.06	0.46	0.82
鹅	1060.13	95.41	477.06	4.39	2.86	0.08	0.59	1.05
生猪	803.01	313.17	3212.04	22.57	15.09	1.96	11.43	4.15
奶牛	1.29	11.61；2.1	15.48	0.38	0.29	0.03	0.01	0.07
合计		1907.80	8553.22	62.79	54.54	5.53	6.31	13.10

(3)畜禽养殖业污染特点

近年来，通过大力引进推广畜禽新品种，广泛培训推广与应用畜禽规模、高效、生态、健康养殖新技术、新模式，本市畜禽粪污处理利用取得一定成效。但由于养殖规模日益扩大、大型养殖企业和相对集中的高密度畜禽专业养殖镇(村、小区)快速发展，导致“种养结合”“林牧结合”模式严重失衡和脱节，畜禽粪污已成为严重影响我市农村生态环境的主要污染源和制约畜牧业持续发展的瓶颈。目前，本市畜禽粪污对环境的污染呈现两个新特点：

①规模养殖污染源日益增多。随着千家万户分布式畜禽家庭养殖快速下降，专业化规模养殖场(户)的迅速发展，单个畜禽养殖场(户)生产污染物大幅增加，畜禽养殖场(户)已成为严重影响广大农村生态环境的主要污染源，且数量逐年稳步增加。据统计，2012年全市畜禽规模养殖场达31052个，其中，对环境影响较大的规模猪场12680个，规模蛋鸡场12171个；生猪和家禽散养户分别为24.25万户、52.75万户。

②区域化面源污染日趋严重。随着畜禽专业合作社等经济合作组织、“公司+基地+农户”新的生产经营模式的发展，畜禽养殖业集约化、组织化程度越来越高，专业化特征越来越明显。一方面，畜禽养殖出现局部区域养殖密度过高、粪污产出量大；另一方面，养殖业与种植业日益分离、比例失衡，导致畜禽粪便被乱堆乱排，造成局部地区出现区域化面源污染。2012年全市年出栏生猪2000头规模场(户)为276个，年出栏肉鸡5万只以上的规模场(户)为191个，存栏蛋鸡1万只以上规模场为980个。据对以蛋鸡养殖为主的“畜禽养殖第一镇”东台市唐洋镇调查统计，全镇共1.74万个农户，9.6万亩耕地，现有畜禽养殖户(场)12915个，其中规模养殖户(场)1223个、散养户11692个。2012年全镇蛋鸡、生猪、山羊年饲养量分别为556.39万只、6.69万头、7.68万只(详见表11-4)。如以生猪为计量单位测算，常年存栏为49.21万头生猪单位，平均耕地载畜量为5.13头/亩。按本市“稻麦二季”耕作模式，每亩适宜载畜量为3头生猪单位测算，实际载畜量是适宜载畜量的1.71倍。

表11-4 2012年东台市唐洋镇主要畜禽养殖情况(个、万头、万只)

品种	养殖户(场)数			年饲养量			年末存栏		
	散养户	规模户	合计	散养户	规模户	合计	散养户	规模户	合计
蛋鸡	2329	1029	3358	1.99	554.40	556.39	1.29	346.59	347.88
生猪	1435	135	1570	3.84	2.85	6.69	1.78	1.26	3.04
山羊	7928	59	7987	6.71	0.9	7.68	3.73	0.55	4.28
合计	11692	1223	12915	12.54	558.22	570.76	6.77	348.40	355.17

3. 畜禽养殖污染物对环境的影响

（1）环境危害的主要影响因子

畜禽养殖污染物主要来源于畜禽粪尿排泄物，对环境造成危害的影响因子有：有机物，主要包括畜禽粪尿排泄物中的大量氮、磷水体富营养化物质和粪尿厌氧分解产生的硫化氢、氨、二氧化碳、醇类、酚类、酰胺类、胺类和吲哚等有毒有害气体；病原微生物，主要是粪污中含有的大量大肠杆菌、寄生虫虫卵等；饲料添加剂的残留物，主要包括抗生素、抗生素氧化剂、激素等药物残留和汞(水银)、镉、铅、铬、铁、锰、铜、锌、钴及类金属砷等重金属元素。

（2）对环境的主要危害

①对土壤的影响。农田合理适度使用畜禽粪肥，既可培肥土壤、提高土壤肥力，又可提高土壤抗风化和水的侵蚀的能力，改变土壤的空气和耕作条件，增加土壤有机质和作物有益微生物的生长，从而促进农作物的生长，形成土壤生态系统自然良性循环。但如直接、连续、过量使用，对土壤生态系统有两个不利影响：一是土壤的营养富积。在畜禽养殖过程中，为追求畜禽产量和养殖经济效益，常常会在畜禽饲料中添加较高的P、Cu、Zn、Mn等微量元素，经消化吸收后多余的微量元素随排泄物排出体外。如将此类畜禽粪便作为有机肥料在农田中长期使用，将导致P、Cu、Zn、Mn等微量元素在农田中富积，从而对农作物造成毒害作用；二是土壤盐分增高。长期持续过量的使用畜禽粪肥，也能引起土壤中溶解盐的积累，使土壤盐分增高，从而影响植物的生长。

②对水体的影响。用作畜禽饲料的谷物及其副产品、饼粕中约有60%～75%的磷以植酸磷形式存在，由于畜禽体内缺乏有效利用磷的植酸酶以及对蛋白质的利用率有限，导致饲料中大部分的氮和磷由粪尿排出体外。未经处理的粪尿中一部分氮挥发到大气中，增加了大气中的氮含量，严重时构成酸雨，危害农作物；其余的大部分则被氧化成硝酸盐，其中一些滞留于土壤表层造成土壤污染，更多的是渗入地下水或随地表水流入江河、湖泊，使水中硝态氮、硬度和细菌总数超标，造成水体污染。另外，畜禽粪便还可通过渗透或直接排放废水进入水体，并逐渐渗入地下造成水体污染。一是对地表水的影响。当排入水体中的粪污总量超过水体自然净化能力时，会改变水体的物理、化学性质和生物群落组成，如使水中固体悬浮物、有机物和微生物含量升高等。粪污中含有大量的病原微生物将通过水体或通过水生动植物进行扩散传播，危害人畜健康；二是对地下水的影响。畜禽粪便污染物中有毒、有害成分进入地下水中，会使地下水溶解氧含量减少、水质中有毒成分增多，严重时使水体发黑、变臭。

③对大气环境的影响。畜禽养殖场产生的恶臭、粉尘和微生物排入大气后，可通过大气的气流扩散、稀释、氧化和光化学分解、沉降、降水溶解、地面植物和土壤吸附等作用而得

到净化（自净），但污染物排放量超过大气的自净能力时，将对人和动物造成危害。一是有害气体。畜禽粪便厌氧发酵产生大量氨气和硫化氢等臭味气体，若未能及时清除或清除后不能及时处理，将产生甲基硫醇、二甲基硫醚、甲硫醚、二甲胺及多种低级脂肪酸等有恶臭的气体，造成空气中含氧量相对下降，污浊度升高，轻者降低空气质量、影响人畜健康生存，重则引起呼吸道系统的疾病，造成人畜死亡。畜禽特别是牛羊等反刍动物产生的甲烷、二氧化碳会造成大气"温室效应"；二是粉尘和微生物。由畜禽养殖场排出的粉尘可携带数量和种类众多的微生物，并为微生物提供营养和庇护，从而增强微生物活力、延长其生存时间。这些尘埃和微生物可随风传播，使大气可吸入颗粒物增加，污染大气、危害环境，使人和动物眼和呼吸道发病率提高，危害人和动物的健康。

④对人畜的影响。畜禽粪便含有大量的病原微生物、寄生虫卵及滋生的蚊蝇，会使环境中病原种类增多、病菌增大，出现病原菌和寄生虫的大量繁殖，造成人、畜传染病的蔓延，甚至引发公共健康问题。据报道，全世界约有人畜共患疾病250多种，中国有120种，其中由猪传染的25种，由禽类传染的24种，由牛传染的26种，这些人畜共患疾病的载体主要是家畜废弃物。据分析，畜禽养殖场所在地排放的每毫升污水中平均含有33万个大肠杆菌和69万个肠球菌，在这样的环境中仔猪（鸡）成活率低、育肥猪增重慢、蛋鸡产蛋少、料肉（蛋）比增高，严重影响和阻碍了畜牧业的发展。据对局部环境污染较为严重的规模化养猪场调查，其仔猪传染性肠炎、支原体病及猪蛔虫病等疾病的发病率在50%以上。

4. 畜禽粪污处理利用主要模式、相关技术与特点

（1）粪池还田处理模式

畜禽粪便直接还田作肥料即将干粪清扫出猪舍，清扫出的干粪可直接外销或堆沤后生产有机肥还田，也可与猪尿和少量冲洗污水一起排入粪池进行贮存，于施肥季节向农田中施用（工艺流程见图11-1），是一种典型传统、经济有效的"农牧结合"粪污处置模式。

①技术要点：农田粪肥用量要适度，载畜量一般以每亩3头生猪为宜；根据农田耕作制度和作物生长期科学施肥。主要农作物如水稻每个生长期以施肥3～4次为宜，麦子每个生长期以施肥1～2次为宜。

②模式特点：优点是投资少、不耗能，无需专人管理，并通过充分循环利用粪污中有用的营养物质，改善土壤中营养元素含量，提高土壤的肥力，增加农作物的产量，实现零排放。其缺点是：存在着传播畜禽疾病和人畜共患病的危险；在施用量过大、频率过高的情况下会导致硝酸盐、磷及重金属的沉积，从而对地表水和地下水造成污染；恶臭以及降解过程产生的氨、硫化氢等有害气体的释放会对大气造成污染。盐城市24.25万户生猪散养户和大多较小规模养殖户饲养方式为"封闭式猪舍、地面圈养"，猪的粪尿处理采用"粪池还田"处理模式。

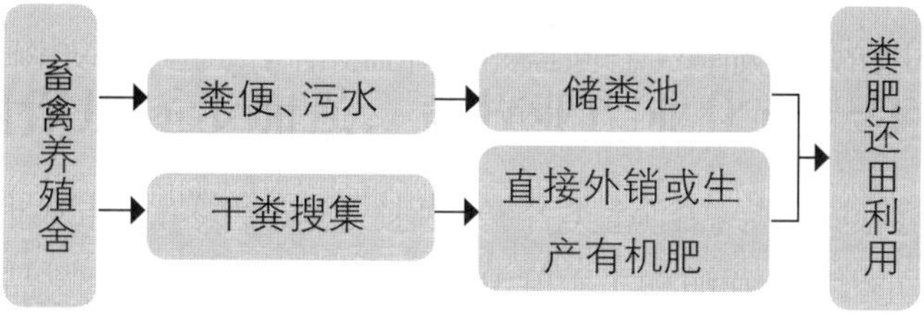

图 11-1 粪池还田处理模式工艺流程

(2)能源和肥料综合利用处理模式

对畜禽粪污采用人工清除干粪进贮粪场，尿液和冲洗粪水入厌氧处理系统，实行“固液分离、固体制肥、液体发酵”的“能源和肥料利用”综合处理模式(工艺流程见图11-2)。

①能源利用。畜禽粪污能源利用主要有两种，一是将粪便直接干燥后燃烧；二是对规模养殖场中粪污经固液分离后液体经厌氧发酵产生沼气作燃料。能源化利用模式主要是采用沼气工程。沼气工程即将污水排入防渗密闭的发酵池(沼气池)中，通过厌氧菌的发酵作用可以降解畜禽粪污中颗粒状的无机物、有机物，杀死或抑制其中寄生虫卵和病原菌，所产生的沼气可作为能源用于发电、照明和燃料。沼渣和干粪可直接出售或用于生产有机复合肥；厌氧出水既可进入自然处理系统(氧化塘或土地处理系统等)，使处理出水实行达标排放，也可直接作肥料用于农田施肥。技术要点：发酵池(罐)要密封完好，以保持无氧环境；投料中有机物充足，碳氮比(C/N)适中，一般以25∶1产气系数较高；保持适宜的环境温度，沼气菌生存温度为8～70℃，以35℃时产气量最大；控制发酵物的酸碱度，一般pH控制在6.7～7.2为宜。厌氧发酵处理模式的优点是投资少，运行管理费用低，不耗能并可以回收能源(甲烷)；污泥量少，不需要复杂的污泥处理系统；不需复杂的设备、管理方便、对周围环境影响小、无噪音。缺点是后处理需要占用大量土地，同时有污染地下水的可能。目前全市建有6～10m^3的户用沼气10.2万户，沼气主要用作生产生活的燃料；300m^3以上大中型沼气430座，其中东台中粮集团达2万立方米，沼气主要用作发电及生产生活的燃料。

②好氧堆肥利用。好氧堆肥即以畜禽粪便为主要原料进行堆肥。由于其含水率太高等原因，前处理的主要任务是调整水分和碳氮比，有时需添加菌种和酶制剂，以促进发酵过程正常进行。好氧堆肥又可分为好氧静态堆肥(包括自然堆肥、静态供氧堆肥、机械翻堆堆肥和容器堆肥)和动态堆肥发酵(包括转筒式堆肥和生物发酵塔)。技术要点：碳氮比和碳磷比要平衡，一般C/N以(20～35)∶1为宜，C/P以(75～150)∶1为宜；含水率要适中，以控制在50%～60%为宜，其中55%最理想；堆体内温度以保持在50～60℃为宜；发酵时间20～30d。

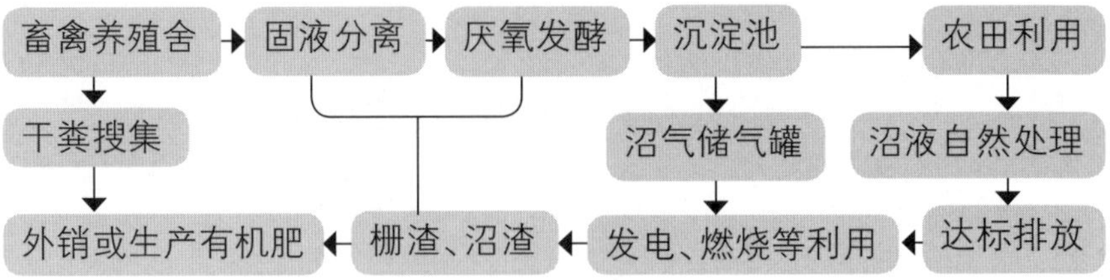

图 11-2 厌氧发酵处理模式工艺流程

（3）微生物发酵床处理模式

微生物发酵床处理模式是利用全新的自然农业理念，结合现代微生物发酵处理技术提出的一种环保、安全、高效的畜禽生态养殖方式。该模式将微生物菌种、锯末、稻壳、秸秆、水等按一定比例混合，作为畜禽有机垫料，发酵后制成微生物发酵床。畜禽排泄的粪尿通过畜禽自然拱翻或人工耕翻，使畜禽粪尿和垫料充分混合，通过发酵床的发酵分解，使畜禽粪尿中的有机物质得到充分的降解和转化，不再需要对畜禽粪尿进行清扫、实现“零排放”（工艺流程见图11-3）。

发酵床养猪技术要点。猪舍：猪舍有大棚式和猪圈式，因大棚式造价低、通风好，在实际生产中推广比例较高。床体：因盐城市地处沿海、地下水位较高，床体应为“地上式”，深度为80cm。垫料：垫料应选择通透性和吸水性较好的原料，如农作物秸秆（稻草、麦秸）、锯木屑、稻壳等。微生物菌种：土著菌或商品菌种。垫料温度：一般保持在40～50℃。日常管理：发酵床面要保持一定的湿度以有利于微生物繁殖，如果过于干燥易致猪发生呼吸系统疾病，一般床面湿度以控制在60%左右为宜，水分过高应打开通风口调节，并及时清除过湿部分。垫料使用：垫料可多次反复利用，时间3～5年。饲养方式：可单列式或双列式。饲养密度：饲养密度应根据猪个体大小、环境温度高低进行确定，如育肥猪一般每平方米2～4头为宜。

微生物发酵床处理模式的优点是无污染、零排放、耗料少、操作简便、效益高；缺点是垫料资源少、成本高。目前这种模式主要用于发酵床养猪，全市共建有生猪养殖发酵床48万平方米。

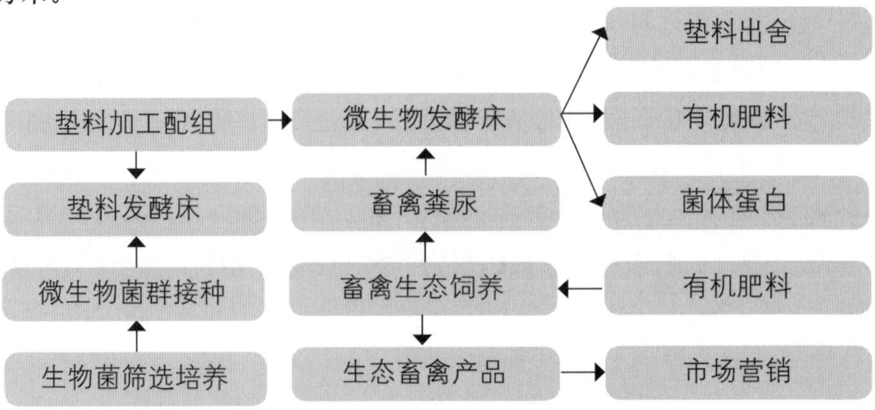

图 11-3 微生物发酵床处理模式工艺流程

5. 畜禽粪污处理利用的对策与措施

畜禽粪污处理是一个庞大、复杂的系统工程，其产生量大，污染面广，结构与成分复杂多样，处理技术难度较大。目前，本市畜禽粪污处理主要模式有粪池还田处理模式、能源和肥料综合利用处理模式、微生物发酵床处理模式三种，通过近几年的努力，畜禽粪污治理取得了一定实效。但因人们环境意识不强，粪污处理设施不够健全、能力与养殖规模不匹配，处理技术和设备相对滞后，畜禽粪污仍是严重影响和制约畜牧业发展的瓶颈。为此，以畜禽粪污“减量化、资源化、无害化、生态化”处理利用为原则，以“农牧结合、林牧结合、循环利用、生态养殖”为发展方向，结合本市实际，进一步加强宣传引导和政策扶持，规范畜禽养殖场建设与监管，大力推广畜禽新品种、养殖新技术和新模式，以保障本市畜牧生产持续、高效、健康发展。

（1）加强宣传引导与政策扶持，着力增强环境与生态意识“节约资源和保护环境”是我们的基本国策

“十八大”明确提出“必须树立尊重自然、顺应自然、保护自然的生态文明理念，把生态文明建设放在突出地位，融入经济建设、政治建设、文化建设、社会建设各方面和全过程”。要通过电视、电台、报纸、网络等广泛宣传中央把生态文明建设作为“五位一体”总体布局的巨大意义，切实增强全民环境意识、生态意识，确立发展循环经济和生态农业的理念；要进一步加强相关政策和法律法规的制定和完善，确立畜禽粪污“减量化、资源化、无害化、生态化”处理利用的原则，坚持“农牧结合、林牧结合、循环利用、生态养殖”的发展理念和方向，从政策上进行引导和鼓励、项目上进行扶持和奖励、法律法规上进行规范和监督，切实加强畜禽养殖全过程的管理与粪污治理，努力实现畜牧业和社会经济与生态环境保护和谐发展。

（2）科学制定规划与场区布局，规范畜禽养殖场建设

盐城市地处苏北沿海，全市土地面积16972km^2，其中耕地面积1253万亩、沿海滩涂面积680多万亩，是全省农业大市。传统畜禽养殖是以千家万户小规模分散饲养和“养猪为田”为主的农区畜牧业。随着畜禽养殖规模化、集约化的快速发展，畜禽粪污总量增大、区域集中。为实现“种养结合”，从源头加强对畜禽养殖场的管理，切实减少畜禽养殖及排泄物对周边环境的影响，一方面，要根据各地土地资源、经济环境条件、养殖技术水平，科学制定畜牧业发展规划，确定科学合理的畜禽养殖数量、规模；另一方面，要根据部省“标准化畜禽养殖场建设”要求，对畜禽养殖场进行科学选址、合理规划、规范建设。对现有畜禽养殖场的规划布局和养殖设施要重新评估、规划、改造，做到排水沟（管道）与排污沟（管道）分开，沼气工程、贮粪场、三级污水处理沉淀池等粪污处理设施要齐全和有效运行，并与畜禽养殖

规模匹配；对新建畜禽养殖场要实行申报审批制度。场址既要交通便利，又要远离城镇、村庄和水源保护区。在农区应以中小畜禽规模养殖场为宜，超大型和大型畜禽规模养殖场应选择在人口少、土地广阔的沿海垦区和滩涂。要充分利用土地资源优势，有配套的粪污处理设施和消纳粪污所需的农田或林地。

（3）大力推广畜禽养殖新技术，推进畜禽标准化养殖

大力研发集成与推广应用减少和控制畜禽粪污、畜禽养殖新技术，推进畜禽标准化生产，实现畜禽粪污减量化。

①“三改两分”技术。即养殖过程中，“改水冲清粪为干式清粪，改无限用水为控制用水，改明沟排污为暗道排污；固液分离、雨污分离”。

②生态饲料配制技术。通过选择消化代谢率高的饲料原料，根据不同的动物种类、不同性别、不同生长阶段的营养需要，以可消化氨基酸含量为基础的蛋白质模式进行饲料日粮配方设计，可明显提高蛋白质的利用率，减少氨氮的排泄量；通过使用微生态制剂（如益生素）、酶制剂（如蛋白酶、纤维素酶）、寡聚糖（如低聚木糖）、生物活性肽等，限制无机微量元素超大剂量使用（如不使用高铜、高锌日粮），提高饲料利用率，降低粪便中氮磷和重金属的含量；通过添加吸附剂（如活性炭、沸石）、酸化剂（甲酸、丙酸）、生物除臭剂（EM制剂），有效控制臭味和降低有害气体的污染。

（4）积极推广畜禽新品种新模式，推广畜禽高效生态养殖

①积极引进推广高效节粮型和食草节粮型畜禽新品种，进一步优化畜禽品种结构，提高畜禽养殖经济生态效益。在畜禽品种上，主要是引进推广生长速度快、耗料少、饲料报酬高的优质三元杂交商品猪、快大型AA肉鸡、高产海兰蛋鸡等优质高产新品种；在畜禽品种结构比例上，主要是提升以农作物秸秆和饲草为主的羊、奶牛、鹅等草食畜禽。这样既可减少畜禽养殖对饲粮的需求和能源消耗，又有效地提高了农作物秸秆综合利用、降低农作物秸秆因焚烧对环境造成的污染。

②积极推广畜禽生态健康养殖新模式，大力发展生态循环畜牧业。全市现有成片林地274.75万亩、年产农作物秸秆760万吨，林地资源和农作物秸秆丰富。可充分利用丰富的林地资源，着力推广“林牧结合”养殖新模式，发展林下养鸡、羊、鹅；可利用农作物秸秆（稻草、麦秸）、锯木屑、稻壳等制作生物发酵床，着力推广畜禽养殖粪污“零排放”的生态健康养殖新模式，发展发酵床养殖模式。

二、福建省生猪养殖污染治理典型案例

1. 项目概要

福建省南安市某农业发展有限公司是一家专业从事良种繁育、生猪养殖的体系较为完善的规模化养殖企业，养殖场占地82.97亩，现有猪舍面积11000m^2，饲料加工厂、仓库及办公楼等面积共1200m^2，日常存栏生猪11000头，年出栏商品肉猪约33000头，日排放污水265吨。项目规划建设140立方米沉淀调节处理池、厌氧池5300立方米、300立方米贮液池和3000立方米的氧化塘的养殖污水处理沼气工程，年产沼气58.4万立方米，为280户农户进行集中供气提供生活基本能源，安装75千瓦的沼气发电机组2套并建设相应发电机房及配套设施，年发电约70万千瓦；项目副产物沼渣等有机固废物经生物处理后外售输出，沼液经沉淀处理用于周边900亩农作物不同季节性施用以及氧化塘的进一步处理，达到有效可控性排放。

本项目是具有社会公益性、示范引导性的农业生态工程项目，该项目的建设可解决养殖场污水处理问题，养殖污水COD_{cr}、BOD_5下降80%以上，产生的沼气用于发电每年可提供70000千瓦·时的绿色电力和提供农村基本生活清洁能源，每年可减少40多吨的温室气体排放和改变农村传统生活能源对薪柴的依赖，保护生态环境，而且对有机质固肥和沼液实现资源的综合利用，用于周边农田和果树的生产用肥，有力促进了当地农业生产从低附加值的传统种植业向高附加值的绿色有机种植业转变，具有明显的社会效益和生态效益。

2. 生产工艺技术方案分析

（1）工艺技术方案的选择原则

①沼气工程的工艺技术方案包括：厌氧消化系统和物质转化利用系统。工艺设计应在不断总结生产实践经验和吸收科研成果的基础上，积极采用新技术、新工艺、新材料、新设备，以提高自动化水平，降低劳动强度，减少投资和运行费用，采用的技术工艺尽可能接近国际先进水平或国内领先水平。

②沼气工程的工艺技术方案设计应符合当地总体规划，与客观实际结合，正确处理集中与分散、处理与利用、近期与远期的关系。

③沼气工程的工艺技术方案应以减量化、无害化、资源化为目标，尽可能采用清洁生产技术。

④沼气工程的工艺技术方案设计应考虑物质转化的有效利用，通过沼气发电以提高工

程运营的经济效益；充分利用附近农田、果园等消纳沼渣、沼液，提高综合利用水平。

⑤沼气工程的工艺技术方案设计，除了执行能源环境行业标准外，还应符合国家及地方现行的相关标准、规范的规定。

（2）工艺技术方案选择

生猪养殖场废弃物主要为猪粪、尿、饲料残渣、冲栏水及猪饮水，含有N、P、有机物、SS及饲料中添加的无机物等。根据同类工程调查分析，该类废水浓度高，原水水质指标COD_{cr} 8000～15000mg/L、NH_3-N 500～800mg/L、BOD_5 4000～7000mg/L、SS 8000～15000mg/L、粪大肠菌群>2.4×108·L^{-1}。这些废弃物可生化程度高，若直接排放，将会对大气、水、土壤环境造成严重的污染，而且也造成资源浪费。根据福建省规模化养殖场粪污治理试点经验、沼气工程工艺技术应用实施与运行情况，并实地考察了该养殖场的养殖技术与水平以及粪污处理基础条件，依据《畜禽养殖业污染物排放标准》(GB18596—2001)、《畜禽养殖业污染治理工程技术规范》(HJ497—2009)、《大中型沼气工程设计标准》(NY/T1222—2006)、《大中型沼气工程运行与管理标准》(NY/T1221—2006)、《畜禽粪便无害化处理技术规范》(NY/T1168—2006)等技术规范所进行的环保配套设施，本项目采用能源生态型工艺技术如图11-4所示，同时，以循环经济理念为指导，遵循“减量化、资源化、无害化”的原则，促进生态养殖示范区废弃物处理与资源化利用效益的最大化。

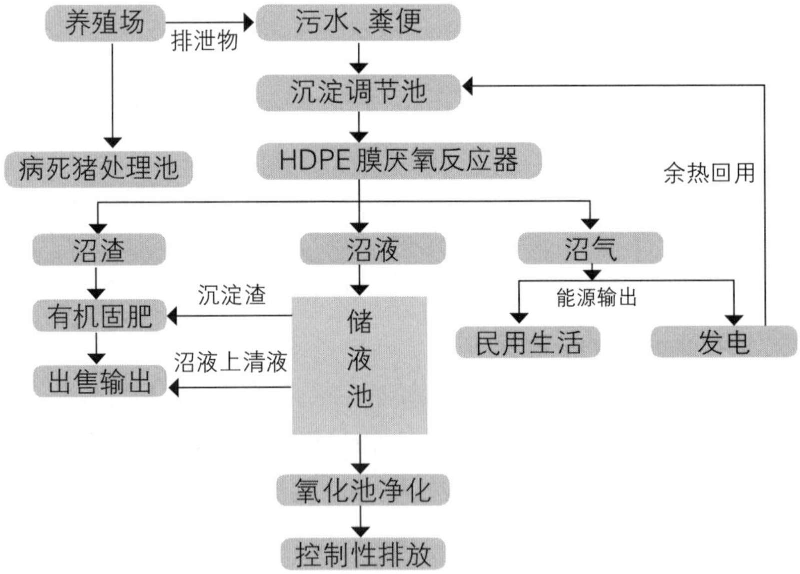

图11-4 生态养殖示范区污水处理工艺流程图

（3）工艺流程说明

根据养殖规模和周边环境容量的不同，养殖场粪污有不同的处理或利用方式，主要包括“能源生态型沼气工程”和“能源环保型沼气工程”。本项目的处理工艺特点为“能源-生态型”，以回收利用沼气能源、消纳、净化猪粪便污水为主要特点，通过采用清理过后的猪粪及沼渣用于生产有机肥，养猪场的冲洗水以建设沼气池为纽带，生产的沼气供养猪场职工和周边群众生活燃料用能，并通过沼气发电实现沼气高效利用；产生的沼液进入沉淀过滤池，沉淀过滤后的上清液进入沼液贮存池，用作果树、蔬菜等作物肥料，实现养殖废弃物多级循环利用。具体工艺特点有：

①本工艺采用技术适用先进、成熟可靠、降解效率高、投资少、操作简便及污泥量少且能有效控制污水处理的工艺流程。

②无需储气柜、空压机等辅助设施，实现远距离（3～5km）全天候、无耗能、自压供气、供肥的项目建设目标。

③污水处理设施总平面布局合理、紧凑，工艺流程顺畅，节约用地。

④根据地形现状，各构筑物可任意组合与调整，便于施工，安全性能高，造价低廉且坚固耐用。流程布置可充分利用地形高低差，减小能耗，降低处理费用。

⑤设计时充分考虑污水处理系统的防震、降噪、除臭、安全、卫生、无扰民危害及有效控制二次污染等因素。

⑥剩余污泥量很少，清掏周期长，平时无需专职人员职守与维护，运行成本低。

⑦根据养猪场污水水质、水量变化大的特点，污水处理设施在运行上有较大的灵活性和可调节性。

（4）工艺单元设计

根据福建省平成农业发展有限公司提供的基础数据，生态养殖示范区内合作社饲养区存栏1200头，核心企业饲养区存栏9800头，总存栏生猪11000头。依据《畜禽养殖业污染物排放标准》(GB18596—2001)水冲工艺最高允许排放标准拟定：日排污水总量约265t，TS浓度1.2%，其中合作社饲养区18t，核心企业饲养区147t；日产猪粪24.2t（每头2.2kg），干物质含量20%；日清猪粪大约12t，清除率50%。

表11-5　集约化畜禽养殖业干清粪工艺最高允许排水量

种类	猪[立方米/(百头·天)]		备注
季节	冬季	夏季	百头指存栏数，春、秋季废水最高允许排放量按冬、夏两季平均值计算
标准值	1.2	1.8	

本项目厌氧消化系统采用的是HDPE膜沼气池，该技术在福建有示范应用，而且效果

良好。参照《大中型沼气工程设计标准》(NY/T1222—2006)、《大中型沼气工程运行与管理标准》(NY/T1221—2006)的要求，并根据业主提供的水样基本参数（COD_{cr} 12000mg/L、BOD_5 6500mg/L），确定设计参数为:a.沉淀调节池污水停留时间0.5天；b.厌氧发酵池污水停留时间20天；c.发酵温度：常温发酵。d.每降解1kg COD_{cr}产沼气量0.35～0.4m^3；e.厌氧发酵池平均COD_{cr}降解率80%以上；f.每平方米果园林地等农田消纳沼液＜0.2kg/d，每亩果园林地农田消纳粪、沼渣0.5t/a。

①前处理单元包括格栅沉沙池、沉淀调节池。

格栅沉沙池：格栅应设计在沉沙池前，设两道格栅。一道粗格栅，栅条间隙为25～40mm，用于去除大型杂物；一道细格栅，栅条间隙为15mm，用于去除中小型杂物。格栅应便于清理杂物和清洗。格栅之后设置沉沙池，用于沉淀污水中较大颗粒等固型物。设计沉沙池容积为10m^3。

沉淀调节池：沉淀调节池主要功能是起水解和酸化作用，并对污水的水质、水量进行有效的调节。为了适当降低污染浓度，减少沼气池建设容积与承受的污染负荷，在处理时必须考虑污水中粪渣的影响。

计算公式如下：沉淀调节池容积有效容积V=Q/N

其中，V——调节池有效容积（立方米）

Q——养殖场每日排污水量(m^3/d)

N——养殖场每日排污次数

因此，沉淀调节池有效容积=265/2=132.5m^3。本项目调节池有效容积设计取140m^3，其中合作社饲养区取10m^3，核心企业饲养区取130m^3。

②厌氧消化系统：本项目拟采用的是HDPE膜厌氧消化沼气池。该厌氧消化池是一种结构简单、适用于高悬浮物原料的消化反应器。主要有以下优点：

a.沼气池具有高压（设计压力8~20kPa）供气和大容量储气的特点，不仅无需设置储气柜、空压机等附属设施还可确保全天候无耗能供气、输气、用气。

b.该池型通过顶部和周边多点布料，实现均匀布水和水力搅拌，能有效地提高消化效率并消除短流现象。同时，由于生物菌固体颗粒与污水的比重差异使厌氧池中下部的微生物浓度较高，大大提高了厌氧消化的SRT，从而提高固体有机物的降解消化率。

c.该池型周边有多点进水口兼作搅拌、出渣口，又可从周边的所有进水口往外抽渣，实现不定期机械清渣。

d.该沼气池为圆形薄壳结构，不仅受力均匀合理，而且符合水流体力学要求，水力条件最佳。

厌氧消化器的总有效容积计算公式如下：

厌氧消化器的总有效容积V=QT

式中，V——厌氧消化器的总有效容积（m^3）

Q——设计处理量（m^3/d）

T——设计水力停留期（d）

因此，沼气池总有效容积为265 × 20=5300m^3。本项目厌氧消化器的总有效容积设计取值5300m^3。

③沼液、沼渣利用与处理单元。

本项目周边有900多亩种植面积，沼液可用作农田肥料。根据《畜禽养殖业能源环保站设计规范》中沼液贮存池容积按照施肥周期确定的原则及当地的气候特征等因素，一般可按照施肥周期≥7天考虑，本项目取7天，沼液产生量Q根据日污水处理量和沼气工艺情况取沼液52m^3/d。因此，贮存池总有效容积=0.8 × QT(Q=52m^3/d、T=7d)=291.2m^3，本项目沼液贮存池容积设计取300m^3。由于沼液从消化池排出时夹带着沼渣等，需要将其分离才可以进入沼液贮池，以避免沼液贮池的淤积或喷灌系统的堵塞，因此本设计设置了沉淀过滤床。沉淀过滤床采用物理方法和生物膜技术来进一步实现渣水分离，有效减少SS量，以减轻好氧处理的强度和难度。沉淀过滤床采用竖流式沉淀方式，总有效体积为50m^3，为方形钢筋混凝土半地下式结构。沉淀过滤床上部清液由溢流堰收集接入沼液贮池，底部污渣定期排到储渣池。配套设置贮渣池1座，有效体积50m^3，用于处理本工艺流程产生的废渣包括沉淀过滤池沉渣、沼气池抽出的沼渣。沼渣经无害化处理后定期外运，用作农作物或林业的肥料。

根据处理工艺的运行情况考虑到厌氧出水未能达到排放标准，除资源化部分直接利用外，还需进一步进行深度处理。本项目采用氧化塘净化技术。氧化塘净化本质上是水体自净的过程，其中包括物理、化学、生物等各种过程的净化利用，且以生物作用为主。其中有稀释作用、沉淀和絮凝作用、好氧微生物的代谢作用、厌氧微生物的代谢作用、浮游微生物的代谢作用和水生植物强化净化作用等。根据项目地自然地势条件建设跌落式氧化塘3000m^2，分成2～3级，平均水深不超过2.2m。利用跌落好氧净化和水生植物净化的双重作用，一方面利用地势高差形成重力流动，并自然充氧；另一方面水生植物生长过程中需要吸收氮、磷等营养元素，提高生物氧化塘去除氮、磷能力，进一步提高生物氧化塘去除COD_{cr}、BOD_5和NH_3-N的能力，进一步净化水质，确保沼液利用和污水排放安全。整个系统无需任何设备，无能耗。

根据项目建设地年平均温度20℃、平均降雨量1600mm、年平均蒸发量约1200mm、无霜期325天的自然气候条件，结合污水处理工艺和周边600000m^2的农业种植面积。由此计算，年可消纳农灌用水量：V年 = 1.2m × 600000m^2 × 30%=216000m^3（30%为该地区年平均作物系数），日均消纳农灌用水量：V日 = V年/365=591.8 m^3。由于600000m^2农业种植地的消纳农灌用水量超过养殖污水排放量（265 m^3）。因此，本项目的实施对周边水体及流域不构成污染。

④沼气利用系统。

根据业主提供的有关参数和依据《大中型沼气工程设计标准》，本养殖场的全部猪粪尿进入厌氧消化发酵系统计算，日有鲜粪约24.2t、尿40.6t；按猪粪、尿的干物质（TS）含量分别为18%和0.4%计，按每千克干物质产气$0.42m^3$计算，则日可产沼气约$1600m^3$，除为280户农户进行集中供气提供农村基本生活能源外，其余部分用于发电。

集中供气：为280个农户进行集中供气，提供生活基本能源，供气起点设置首部控制系统，与发电配置沼气利用处理系统共用。起点采用DN50mmPVC管道输气，沿途管径递减至村落形成输气网络，用户室内均采用沼气专用管件及配套设施。

沼气发电：目前国内有0.8~5000kW各级容量的沼气发电机组，厌氧消化器所产生的沼气供农户集中供气使用后每天还富余约1300 m^3沼气可供发电，以1 m^3发1.5kW电计，每天可发电1950kW，安装75kW的沼气发电机组2套轮流发电并建设相应发电机房及配套设施。同时通过热交换器转化吸收的热能用于加温发酵池内的料液，有效提高厌氧池内的温度，进而提高消化速度和产气率，全面提高能量的总利用率。

⑤病死猪处理车间。

配套建设$100m^2$的病死猪处理车间，引进先进的畜禽尸体处理技术——畜禽生物化尸机高温灭菌机，直接病死猪高温灭菌后生物处理，实现有机废弃物的循环利用，从而减少有机废弃物对环境造成的污染。

⑥生活垃圾与动物医疗废弃物中转站。

配套建设$50m^2$的生活垃圾与医疗废弃物处理站，用于收集放置生活垃圾、动物医疗废弃物等。其中，生活垃圾等统一集中后运送到公共垃圾站进行分类处理；动物医疗废弃物则需按照国务院《中华人民共和国动物防疫法》《医疗废弃物管理条例》和国家环保部《医疗废弃物集中处理技术规范》等法规，对动物医疗后的一次性针筒、医药容器等废弃物进行处理。

3. 项目建设目标

（1）项目指导思想

项目建设以污染治理为出发点，以物质和能源循环利用为主要特征，以社会、经济、环境可持续发展为最终目标，最大限度利用资源和能源，推广综合效益，减少污染物排放。围绕泉州市和南安市“十二五”现代农业和生态城市建设总目标，以可持续发展为纲，以循环经济理论为指导，突出生态文明，强化研究创新，注重食品安全，既要立足于农民增收和企业经济增长，也要着眼于生态环境保护和社会经济的可持续发展，寓产业开发于环境保护之中，正确处理示范区建设与自然生态的关系，建立以人的行为为主导，以自然资源为依托，以经济生产为脉络的自然—经济—社会复合系统，实现“资源—产品—再生资源”的良性物质循环，在现代社会经济条件下，推进养猪业的可持续发展。

（2）建设目标

建立能源生态型养殖污水治理模式，建设5300m³ 厌氧沼气池和3000m³ 氧化塘的沼液净化体系，日消化处理养殖污水约265t，通过利用日产约1600m³的沼气利用，除为280个农户进行集中供气提供农村居民生活基本能源外，建设日发电量为1950kW的生物质能发电厂，建设相应的配套设施，解决沼液、沼渣、病死猪等副产物的资源化利用和无害化处理，完善养殖场消防、绿化等基础设施，进一步提升养殖水平。同时以“海西沼气第一镇”为依托，以“农业、农民、农村”三位一体，“生产、生活、生态”三生并重为核心理念，充分发挥东田镇低碳循环农业发展优势，拓宽农业发展空间，延长农业产业链，把罗城内生态养殖示范区建设成为集科研、生产、加工、环保、示范、培训于一体的现代农业示范园区，在辐射和带动南安现代农业发展的同时，为泉州乃至全省农村生态养猪业发展提供可借鉴的经验和模式。

4. 项目建设内容

本项目建设的沼气工程是一个针对养殖场废弃物处理与综合利用的“能源—生态”型工程，处理物特征和建设目标明确，其中包括粪污前处理系统、核心的消化厌氧系统和能源转换及资源化利用系统，主要项目建设内容如下表11-6所示。

表 11-6　项目建设主要内容及工程量汇总表

序号	建设内容	单位	工程量	备注
一	土建工程			
1	沉沙池	m^3	10	钢砼、地埋式
2	沉淀调节池	m^3	140	砖混、地埋式
3	厌氧消化池	m^3	5300	
4	过滤床	m^3	50	钢砼、地埋式
5	贮渣池	m^3	50	砖混、地上式
6	发电操控用房等	m^2	130	砖混、地上式
7	氧化塘	m^3	3000	砖混墙、混凝土底
二	田间工程			
1	污灌管网	公顷	60	UPVC 管材
2	管网安装	公顷	60	人工开挖
3	贮液池	m^3	300	钢砼、半地埋式
三	附属工程			
1	处理场道路硬化	m^2	350	砼路
2	围墙	m	300	砖混
3	绿化	m^2	500	

续表

序号	建设内容	单位	工程量	备注
四	仪器设备购置			
1	格栅	套		钢筋制作
2	渣浆泵	台	2	功率为5kW
3	排渣系统管路	米	300	DN150
4	电气自控系统	套		
5	沼气净化系统	套		
6	沼气发电机组	台	2	纯沼气发动机
7	沼气燃具及配套管件	套	280	双灶电脉冲式
8	污泥泵	台	2	功率10kW

（1）粪污前处理单元

①排污沟：砖混结构。

②格栅沉砂池：$2m^3$，格栅为碳钢结构。一粗（条间隙25~40mm）一细（条间隙15mm），规格60cm×70cm，拦截猪粪污水中较长纤维、毛等杂物。人工定时清理格栅表面杂物。沉沙池砖混结构，沉淀猪粪污水中较大颗粒砂粒，定期清理。

③沉淀调节池：沉淀调节池容积为$140m^3$，为半地上池，内池为圆形，外池四方形，池体均为钢筋混凝土结构。底部设有倒锥沉井和污泥排渣管。上清液通过出口调节器均衡进入后续厌氧装置。浮渣和沉降污泥定期抽出。

（2）厌氧消化系统

厌氧消化系统是本工艺的核心部分，污水中大部分的有机物厌氧消化过程得以去除，同时产生沼气。本工艺拟采用的厌氧发酵池是HDPE膜厌氧消化沼气池，设计水力滞留期为20天，发酵池的有效容积为$5300m^3$。

（3）沼气利用系统

输气管网（主管道长约2000m；280户支管、分支管共约8400m）；户用沼气灶等用气设备280套；沼气净化装置一套及沼气发电机组2台。

（4）沼液、沼渣利用单元

储液池$300m^3$、氧化塘3000 m^3、贮渣池$50m^3$及沼液输送管道。

（5）辅助工程

沼气系统场区道路硬化$350m^2$及绿化等。

5. 投资估算

（1）投资估算依据及取费标准

①《福建省建筑工程综合单价表》（2005年）、《福建省建筑工程消耗量定额》（2005年）以及有关政策法规进行编制。

②设备及安装工程费用根据设备提供商报价，并参考市场同类设备价格综合估算。

③建设单位管理费根据财政部财建〔2002〕394号文，投资1000万元以下费率取1.5%；招标代理服务费根据福建省物价局转发国家计委《关于印发〈招标代理服务收费管理暂行办法〉的通知》（闽价〔2002〕服610号）执行；前期费用根据国家计委《关于印发建设项目前期工作咨询收费暂行规定的通知》（计价格〔1999〕1283号）执行；工程监理费根据《关于印发〈建设工程监理与相关服务收费管理规定〉的通知》（发改价格〔2007〕670号）执行。

④工程建设其他费用、基本预备费用按农业部规定计取。

（2）项目建设投资估算

本项目投资估算采用单位指标估算法进行估算。经估算项目总投资为324万元，详见下表11-7。

表11-7　投资估算汇总表

序号	建设内容	项目类型	建筑形式	单位	数量	单位造价（元）	合计（万元）	备注
一	土建工程							
1	沉沙池	新建	砖混、地埋式	m^3	10	300	0.30	
2	沉淀调节池	新建	钢砼、地埋式	m^3	140	420	5.88	
3	厌氧消化池	新建	钢砼、地埋式	m^3	5300	280	148.4	
4	过滤床	新建	钢砼、地埋式	m^3	50	380	1.90	
5	贮渣池	新建	砖混、地上式	m^3	50	260	1.30	
6	操控、生活用房	新建	砖混、地上式	m^2	130	620	8.06	
7	沼气发电机房	新建	主体房为钢结构	m^2	60	500	3.00	
8	氧化塘	新建	砖混墙、混凝土底	m^3	3000	28	8.4	
9	病死猪处理车间	新建	砖混、地上式	m^2	100	260	2.6	
10	垃圾中转站	新建	砖混、地上式	m^2	50	260	1.3	

续表

序号	建设内容	项目类型	建筑形式	单位	数量	单位造价(元)	合计(万元)	备注
A	合计						180.04	
二	田间工程							
1	污灌管网	新建	UPVC 管材	公顷	60	480	43.2	入田管网
2	贮液池	新建	砖混	m^3	300	303	9.1	
3	管网安装	新建	人工开挖	公顷	60	110	9.9	
B	合计						62.2	
三	附属工程							
1	处理场道路	新建	砼路	m^2	350	85	2.98	
2	围墙	新建	砖混	m	300	225	6.75	
3	绿化	新建		m^2	500	85	4.7	
C	合计						14.43	
四	仪器设备购置							
1	格栅	新建		套	2	450	0.09	
2	渣浆泵	新建	上海海源(5kW)	台	2	4000	0.80	
3	排渣系统	新建	DN150	套	1	3000	0.30	
4	溢流堰	新建		套	1	2500	0.25	
5	过滤器	新建		套	1	3000	0.30	波纹状
6	污泥泵	新建	上海海源(10kW)	台	2	4500	0.9	
7	气水分离器	新建		台	2	1500	0.30	
8	电气自控系统	新建		套	1	20000	2.0	
9	沼气保温系统	新建		套	280	250	7.0	
10	沼气发电机组	新建		台	2	31000	6.2	
11	脱硫塔	新建		台	2	4000	0.80	
12	阻火柜	新建		台	1	1100	0.11	
13	管道、燃具	新建		户(套)	280	750	21.00	输气、用气管道设施费用
D	合计						40.07	
E	以上直接费合计						296.77	A+B+C+D
五	其他费用							
1	可研报告编制费						1.48	E×0.5%

续表

序号	建设内容	项目类型	建筑形式	单位	数量	单位造价（元）	合计（万元）	备注
2	设计费						5.35	E×1.8%
3	监理费						2.97	E×1.0%
4	招标费						2.97	E×1.0%
5	建设单位管理费						2.08	E×0.7%
F	合计						14.9	
六	预备费						15.58	(E+F)×5%
七	固定资产总投资						327.25	E+F+六

6. 效益分析与风险评价

本项目经济评价依据国家发改委和建设部颁发的《建设项目经济评价方案和参数》规定的原则与方法进行。在市场需求预测、生产规模、产品方案、工艺技术方案、工程建设方案及实施计划等基础上进行项目的经济分析与风险评价。

（1）经济效益

①取费标准。

a.销售税金及附加按国家有关规定计取；

b.本项目建设期1年，第2年达到设计生产能力。

②销售收入、销售税金和附加估算。

厌氧池5300立方米，每天可产沼气1600立方米，年产沼气58.4万立方米，产生的沼气为280户农户进行集中供气，每天约需用气300立方米；其余1300立方米沼气可供发电，每天可发电1770千瓦·时，年发电约70万千瓦·时；项目副产物沼渣等有机固废物经生物处理后外售输出。因此，销售收入由沼气集中供气、沼气发电以及固肥收入三个部分组成。

a.销售收入共105.19万元。按现有市场的销售行情测算，沼气售价为1.50元/立方米，沼气发电售价为0.80元/千瓦·时，固肥售价为300元/吨，则年总收入如下：

沼气集中供气收入总计16.63万元。

平均每户用气1.1m^3，年产气360天，沼气价格1.5元/立方米，则燃气效益=280户 ×1.1立方米/户 ×1.50元/立方米 ×360=16.63（万元）。

沼气发电按1m^{3}发1.5千瓦·时计算，收入总计56.16万元：

1300m^3 ×1.5×0.80元/千瓦·时 ×360=56.16（万元）

固肥收入：3吨/天 ×300元/吨 ×360=32.4（万元）。

b.销售税金及附加：免税。

（2）总成本及经营成本估算

①固定资产总投资为327.25万元。

本项目固定资产总投资为327.25万元，其中土建工程投资180.04万元，田间工程62.2万元，附属工程14.43万元，仪器设备购置费为40.07万元，其他费用14.9万元，预备费为15.58万元，具体见第九章投资估算汇总表。

②工资及福利费：本项目劳动定员为4人，平均每人每年工资及福利费按3万元计，年需12万元。

③水费：年需2万元。

④折旧费：固定资产折旧采用分类平均年限法进行计算，其中建筑物按20年计提，仪器设备等按10年计提，残值率按5%计算，总年折旧额为15.99万元。

折旧费=原值－残值(原值 × 5%)

建筑物折旧年限按20年计算，建筑物总投资包括土建工程、田间工程及附属工程。

建筑物总投资=180.04+62.2+14.43=256.67

建筑物折旧费=256.67 ×（ 1－5%)=243.84万元，

建筑物年折旧费=243.84 ÷ 20=12.19万元。

机器折旧年限按10年计算，机器设备总投资为40.07万元。

机器折旧费=40.07 ×（ 1－5%)=38.07万元

机器年折旧费=38.07 ÷ 10=3.8万元

年总折旧费=房屋年折旧费+机器年折旧费=12.19+3.8=15.99万元

⑤维护费：按固定资产原值的2%计取，年维护费为5.94万元。

年维护费=296.77万元 × 2%=5.94万元

⑥摊销费：按折旧费5.25%，计为0.89万元。

经营成本=总成本－折旧费－摊销费－其他费用

=327.25－15.99－0.89－12－2－5.94=290.43万元

正常年的经营成本为290.43万元。

（3）财务效益分析

①盈利能力分析。

a.投资利润及利润率：

$$投资利润率=\frac{正常年利润}{项目总投资}\times 100\%$$

$$=(105.19-12-2-15.99-0.89-5.94)\div 327.25\times 100\%$$

=(68.37 ÷ 327.25) × 100%

=20.89%

b.投资回收期(年)=投资总额 ÷ 年净现金流量

现金净流量=项目每年获得的净收益额+收回的固定资产折旧

投资回收期=327.25 ÷ (68.37+15.99)=3.9年

本项目的投资回收期为4.9年(包含建设期1年)。

②盈亏平衡点分析。

$$BEP=\frac{\text{固定成本}}{\text{经营收入}-\text{变动成本}-\text{税金及附加费}}\times 100\%$$

$$=\frac{\text{工资}+\text{折旧费}+\text{摊销费}+\text{修理费}+\text{其他费用}}{\text{经营收入}-\text{外购原材料费用}-\text{外购燃料和动力费用}}\times 100\%$$

$$=\frac{12+15.99+0.89+5.9}{68.37+2}\times 100\%$$

$$=49.4\%$$

(4)财务评价与风险分析

从以上种种财务主要指标的计算分析看，本项目建成后，正式投产年份年销售额105.19万元，年利润68.37万元，投资利润率为20.89%，投资回收期为4.9年(含建设期1年)，盈亏平衡点为49.4%，具有较好的盈利能力，各项财务指标较好。因此，本项目从财务上和财务风险上看是可行的。

三、规模化养猪场废水处理方案设计典型案例一

(一)养殖场污染现状

养猪场共饲养生猪15000头，养猪场废水主要来自猪舍的冲洗水。目前，其冲洗废水直接排放。

由于养猪场废水属于富含大量病原体的高浓度有机废水，直接排放进入水体或存放地点不合适，养殖粪尿和养殖场的冲洗水的淋溶性很强，粪尿中的氮、磷及水溶性有机物等就会通过地表径流和渗滤进入地下水层污染地下水。大量有机物质进入水体后，有机物的分解将大量消耗水中的溶解氧，使水体发臭，导致水生生物大量死亡；同时，废水中的大量悬

浮物可使水体浑浊，降低水中藻类的光合作用和水体自净能力，限制水生生物的正常活动，严重地破坏了水体生态平衡；粪尿中的一些病菌、病毒等随水流动蔓延可能导致某些流行病的传播等。按照相关法律法规及环保要求，养殖废水必须经处理达标后方可排放。

（二）废水处理方案设计参数

1. 设计原则

①采取先进合理的废水处理工艺，确保处理后出水达标排放。

②充分进行废水处理工艺方案比选，尽量减少工程投资。

③避免对周围环境造成二次污染。

2. 设计依据

①《畜禽养殖业污染物排放标准》（GB18596—2001）。

②《室外排水设计规范》（GB50014—2006）。

③业主提供的相关资料。

④现场踏勘资料。

3. 基础资料

（1）设计水量

按照建设方提供的资料数据，设计水量为500m^3/d即25m^3/h。

（2）设计水质

①进水水质：废水原水中的污染物浓度的高低决定了对水处理工艺的选择，并且与废水处理的基建投资和运行费用密切相关。同时，废水的进水水质与用水量以及处理后出水受纳水体的水域功能有关，因此要准确测定废水的进水水质。实际水质指标如下表11-8。

表 11-8　实际水质指标

pH	7～8.5
COD_{cr}	9000mg/L
BOD_5	4000mg/L
NH_3-N	800mg/L
SS	4500mg/L

②出水水质：处理出水要求满足《畜禽养殖业污染物排放标准》（GB18596-2001）集约化畜禽养殖业污染最高允许日均排放浓度要求。

③排放标准：《畜禽养殖业污染物排放标准》（GB18596-2001）集约化畜禽养殖业污染最高允许日均排放浓度要求请见下表11-9。

表 11-9　集约化畜禽养殖业污染最高允许日均排放浓度

序号	控制项目	标准值
1	化学需氧量（COD_{cr}）	400mg/L
2	五日生化需氧量（BOD_5）	150mg/L
3	悬浮物（SS）	200mg/L
4	氨氮	80mg/L
5	总磷（以P计）	8.0mg/L
6	pH	6～9
7	粪大肠菌群数	1000mg/L
8	蛔虫卵	2.0个/升

4. 养殖场废水处理工艺方案

（1）原则及指导思想

工艺流程本着减量化、资源化、无害化原则，采用先进、合理、成熟可靠的处理工艺，在运行中具有较大的灵活性，并适应水量、水质的变化，运行费用经济。严格执行国家环保有关规定，确保水处理系统水质稳定，并达到国家《畜禽养殖业污染物排放标准》（GB18596-2001）相关水质标准，并结合现场情况及地理特点，因地制宜，选择合适的工艺及处理设施。

（2）工艺方案选择

国内外对规模化畜禽场粪水的处理方法主要有综合利用和处理达标排放两大类。综合利用是生物质能多层次利用、建设生态农业和保证农业可持续发展的好途径。但是，目前由于我国畜禽场饲养管理方式落后，加上综合利用前厌氧处理的不到位，常使畜禽粪水在综合利用的过程中产生许多问题，如废水产生量大、成分复杂、处理后污染物浓度仍很高、所用稀释水量多和受季节灌溉影响等。对于处理达标排放的来讲，虽然国内外所用的工艺流程大致相同，即固液分离—厌氧消化—好氧处理，但是，对于我国处于微利经营的养殖行业来讲，建设该类粪污处理设施所需的投资太大、运行费用过高。因此，探寻设施投资少、运行费用低和处理高效的养殖业粪污处理方法，已成为解决养殖业污染的关键所在。

①固液分离。

畜禽养殖场废水无论采用什么系统或综合措施进行处理，都必须首先进行固液分离，这是一道必不可少的工艺环节，其重要性及意义主要在于：首先，一般养殖场排放出来的废水中固体悬浮物含量很高，最高可达160000mg/L，相应的有机物含量也很高，通过固液分离可使液体部分的污染物负荷量大大降低；其次，毛发等缠绕物等较多，通过格栅等固液分离可防止其进入后续处理环节，防止设备的堵塞损坏等。此外，在厌氧消化处理前进行固液分离也能增加厌氧消化运转的可靠性，减小厌氧反应器的尺寸及所需的停留时间，降低设施投资并提高COD_{cr}的去除效率。固液分离技术一般包括筛滤、离心、过滤、浮除、沉降、沉淀、絮凝等工序。目前，我国已有成熟的固液分离技术和相应的设备，其设备类型主要有筛网式、卧式离心机、压滤机以及水力旋流器、旋转锥形筛和离心盘式分离机等。

②厌氧处理。

由于养殖业废水属于高有机物浓度、高N、P含量和高有害微生物数量的“三高”废水。因此厌氧技术成为畜禽养殖场粪污处理中不可缺少的关键技术。对于养殖场这种高浓度的有机废水，采用厌氧消化工艺可在较低的运行成本下有效地去除大量的可溶性有机物，COD_{cr}去除率达85%～90%，而且能杀死传染病菌，有利于养殖场的防疫。如果直接采用好氧工艺处理固液分离后的养殖业废水，虽然一次性投资可节省20%，但由于其消耗的动力大，电力流水消耗是厌氧处理的10倍之多，因此长期的运行费用将给养殖场带来沉重的经济负担。

目前用于处理养殖场粪污的厌氧工艺很多，其中较为常用的有以下几种：厌氧滤器（AF）、上流式厌氧污泥床（UASB）、复合厌氧反应器（UASB + AF）、两段厌氧消化法和升流式污泥床反应器（USR）等。近年来，厌氧消化即沼气发酵技术已被广泛地应用于养殖场废物处理中，到2002年底我国畜禽养殖场大中型沼气工程数量已经达到2000余处，是世界上拥有沼气装置数量较多的国家之一。虽然，在我国的沼气工程建设中也不乏失败的例子，工程建设成功率仅为85%，但这一技术不失为解决畜禽粪便污水的无害化和资源化问题的最有效的技术方案。畜禽粪便和养殖场产生的废水是有价值的资源，经过厌氧消化处理既可以实现无害化，同时还可以回收沼气和有机肥料，因此建设沼气工程将是中小型养殖场粪便污水治理的最佳选择。

③好氧处理。

好氧处理是指利用好氧微生物处理养殖废水的一种工艺。好氧生物处理法可分为天然好氧处理和人工好氧处理两大类。

天然好氧生物处理法是利用天然的水体和土壤中的微生物来净化废水的方法，亦称自然生物处理法，主要有水体净化和土壤净化两种。前者主要有氧化塘（好氧塘、兼性塘、厌氧塘）和养殖塘等；后者主要有土地处理（慢速渗滤、快速渗滤、地面漫流）和人工湿地等。自然生物处理法不仅基建费用低，动力消耗少，该法对难生化降解的有机物、氮磷等营养物和细菌的去除率也高于常规的二级处理，部分可达到三级处理的效果。此外，在一定条件下，该法配合污水灌溉可实现污水资源化利用。该法的缺点主要是占地面积大和处理效果易受季节影响等。但如果养殖场规模小且附近有废弃的沟塘和滩涂可供利用时，应尽量选择该方法以节约投资和处理费用。人工好氧生物处理是采取人工强化供氧以提高好氧微生物活力的废水处理方法。该方法主要有活性污泥法、生物滤池、生物转盘、生物接触氧化法、序批式活性污泥法（SBR）、厌氧/好氧（A/O）及氧化沟法等。就处理效果来讲，接触氧化法和生物转盘的处理效果要好于活性污泥法，虽然生物滤池的处理效果也很好，但易于出现滤池堵塞现象。氧化沟、SBR和A/O工艺均属于改进的活性污泥法。氧化沟出水水质好、产生泥量少，也可对污水进行脱氮处理，但其处理的BOD_5负荷小、占地面积大、运行费用高。SBR法自动化控制程度高，能够对污水进行深度处理，但其缺点是BOD_5负荷较小，一次性投资也大。A/O工艺是一种兼有去除BOD_5和脱氮双重作用的活性污泥处理工艺，其投资虽然偏大，但经该法处理后的水易于达标排放。因此对于那些养殖规模大、废水产生量多且有较强经济能力的养殖场可选择A/O法，而对于中等规模的养殖场可选择接触氧化和生物转盘等好氧处理工艺。

④脱氮处理。

养殖业排放废水中氨氮浓度高，需要增加脱氮处理单元，常规脱氮方法主要有硝化和反硝化工艺和吹脱处理工艺。吹脱处理工艺能够有效回收氨水，但设备造价较高，能耗较高；硝化和反硝化工艺具有投资省、运行费用低、操作简便等优点，能够把废水中的氨氮转化成氮气和部分硝基氮，从而达到国家排放标准。

⑤消毒处理。

养猪污水经生化处理后，除部分细菌随污泥沉淀下来外，大部分大肠杆菌、粪便链球菌等致病菌仍然存在污水中，必须进行消毒处理。

目前，国内大多数养猪都是用氯气、次氯酸钠发生器、漂白粉及漂粉精对其污水进行消毒处理，但都在不同程度上存在着各种缺陷。氯气在使用、运输、储存过程中存在着泄漏的安全隐患，氯与污水中的有机物反应生成有毒致癌的卤代副产物，对环境和水体造成二次污染，对污水中的BOD_5、COD_{cr}的去除率低，污水中的氨还会大量消耗氯，形成氯胺，造成消毒成本升高。次氯酸钠发生器在使用中电耗高，故障率大，消毒成本高，易形成消毒副产物，造成二次污染。漂粉精易受光、热、潮湿分解，有效氯含量不稳定，投加操作较麻烦，消毒成本高。

二氧化氯是当前国际上公认的新一代广谱强力杀菌消毒剂，为世界各国所广泛应用，世界卫生组织（WHO）将其定为A1级安全消毒剂。与其他现有消毒剂相比，二氧化氯具有安全、广谱、快速的消毒效果，其杀菌消毒能力是现有氯系消毒剂的3～5倍。在水中能氧化降解多种有机污染物而不产生致癌有毒的卤代有机物。可快速杀灭各种传染性病菌和病毒。能有效去除水中的色素、臭味、异味等有害物质。消毒杀菌效果不受污水中pH和氨氮的影响。在使用过程中安全、无毒，对环境和水体不产生二次污染，对污水中COD_{cr}、BOD_5的去除率较高，消毒成本低，是目前养猪污水处理中综合效果最理想的消毒剂。

在使用二氧化氯对养猪场污水进行消毒处理时，还可将二氧化氯消毒液用于养猪感染控制、环境消毒、漂洗消毒及其他需要消毒杀菌的场合。本方案采用二氧化氯消毒灭菌，消毒池采用平流式隔板接触反应装置，以提高接触时间，可取得较好的消毒效果。

养猪场粪便冲洗水先经格栅网处理，分离的粪渣固形物可用作有机肥或制作有机复合肥产品，也可以用作鱼虾饲料；再经孔较小的筛网处理，拦截废水中较长纤维、毛等杂物，采用人工方式定时清理格栅和筛网截留的杂物。从筛网出来的废水自流进入集水井，经提升通过螺旋挤压分离机去除大量悬浮物后进入调节池，进行水量水质调节；然后废水由泵抽送入高效厌氧装置中（本方案推荐采用高效UASB厌氧反应器），去除大部分有机物和悬浮物，出水进入接触氧化池，进一步去除水中的COD_{cr}，并进行充分的硝化，然后提升至脱氮池进行反硝化，通过反复的硝化和反硝化使得出水氨氮达标，出水经沉淀、消毒后外排。各部分工艺处理预设效果如下(见表11-10)：

表 11-10 养猪场污水处理各部分工艺预设效果

序号	工序名称	COD_{cr}			BOD_5			SS			NH_3-N		
		进水	出水	去除率	进水	出水	去除率	进水	出水	去除率	进水	出水	去除率
1	格栅	9000	9000		4200			4500	4500		800	800	
2	固液分离机	9000	7650	15%	4200	3780	10%	4500	1350	70%	800	560	30%
3	沉淀调节池	7650	7268	5%	3780	3402	10%	1350	1080	20%	560	392	30%
4	UASB	7267	1454	80%	3402	680	80%	1080	216	80%			
5	脱氮池										392	39.2	90%
6	接触氧化池	1454	364	75%	680	137	80%						
7	终沉池							216	44	80%			

续表

序号	工序名称	COD_{cr}			BOD_5			SS			NH_3-N		
		进水	出水	去除率	进水	出水	去除率	进水	出水	去除率	进水	出水	去除率
	总去除率	98%			98.4%			99%			95%		

厌氧反应中废水的有机污染物被转化成热值较高的洁净燃料——沼气，沼气通过气水分离器脱除沼气中的水分，再通过催化脱硫装置脱除沼气中的 H_2S 气体后进入贮气柜。1mol（16g）甲烷相当于 64gCOD_{cr}，据此计算可得到每氧化 1gCOD_{cr} 或 BOD_5 可产生 0.35L 的甲烷。本项目沼气产量约 480m^3/d，按 20 小时产气量，设计气柜有效容量 400 m^3/h，设计输出流量 30m^3/h、压力 150mmHg。

5. 主要设计单元

（1）格栅

粗格栅：构筑物：砖混平行渠道，格栅宽度：B = 0.6m，栅条间隙：b = 40mm。

细格栅：构筑物：砖混平行渠道，格栅宽度：B = 0.6m，栅条间隙：b = 20mm。

（2）集水井

采用地下式砖混结构构筑物，设计水力停留时间3h，有效容积80 m^3，井内设两台提升泵，液位自动控制。

（3）固液分离机

螺旋挤压式固液分离机工作过程如下：无堵塞泵将未经发酵的猪粪水泵入机体，在振动电机的作用下加速落料，此时经动力传动，挤压绞龙将粪水逐渐推向机体前方，同时不断提高前缘的压力，迫使物料中的水分在边压带滤的作用下挤出网筛，流出排水管。螺旋挤压式固液分离机具有不堵塞、去除率高、连续工作、故障率低等优点。设计两台螺旋挤压式固液分离机安装在调节池上部。

（4）调节池

经集水井提升进入螺旋挤压固液分离机去除大量悬浮物后进入调节池，进行水量水质调节，为地上式钢混结构，设计水力停留时间6h，有效容积150m^3。池内设两台提升泵，液位自动控制。

（5）UASB 反应装置

污水经预处理后部分进入UASB厌氧反应器，在UASB厌氧反应器中，通过布水系统进入反应器底部，宜经适当的上升流速运行，在厌氧反应区反应后，有机物被转化为甲烷和二氧化碳。所产生的气体和颗粒污泥、水经三相分离器分离，产生的沼气经净化后进入沼气柜。设计厌氧反应装置为半地下式钢混结构，水力停留时间57h，有效容积1200m^3。

（6）接触氧化池

设计水力停留时间36h，有效容积为800m^3。池内装有组合填料和曝气器，回流泵两台，为地面式钢混结构。

（7）脱氮池

经硝化的废水通过回流泵进入池内进行反硝化反应，出水返回到接触氧化池。采用地上式钢混结构，有效容积150m^3，池内设布水装置和组合填料。

（8）终沉池

钢混平流式沉淀池，有效容积80m^3，采用地面式钢混结构。

（9）消毒池

采用地下式钢混结构，设计水力停留时间2h，有效容积50m^3。设化学法二氧化氯发生器一台。

（10）污泥浓缩池

采用地下式砖混结构，有效容积50m^3，设污泥泵一台。

（11）干化场

采用地面式砖混结构，过滤面积50m^2。养殖废水处理过程产生的浮渣、沉渣，不仅是各处理设施通道容易产生堵塞的主要原因，而且大量的浮渣、沉渣加重了处理负荷，最终影响废水处理效果，所以干化场工艺是保证废水处理工程设施长期正常运行的一项有效措施。

本项目在各类处理构筑物产生的沉渣（浮渣），需定期清掏集中到污泥干化场，利用自然条件（3~7天）进行脱水、干化。干化场滤出的废水可由回流沟调节终沉池，进行再次净化处理。

四、养殖废水处理方案设计典型案例二

（一）项目概况

本项目为养殖场养殖废水处理工程，项目主要水污染源为养猪场生产冲洗废水和生活废水，废水的排放量为300m^3/d。废水经过污水处理后满足《畜禽养殖业污染物排放标准》（GB18596—2001）标准，同时满足《城镇污水处理厂污染物排放标准》（GB18918—2002）中1级A标准。

（二）项目设计与建设基本目标

1. 设计原则

①遵守国家对环境保护、城市污水治理制定的法规、标准及规范，服从甲方的总体规划，执行各种相关的标准和规定，确保污水经治理后达标排放。

②因地制宜地选用污水处理工艺，有针对性地选择适合该污水特点的处理工艺，做到技术先进、实用、安全可靠、处理效果稳定，经处理后水质达标，并减少占地面积。

③尽可能地减少污水处理站对周围环境的不良影响，防止二次污染。

④适当地考虑自动化操作，以简化操作管理和减轻工人的劳动强度，并易于维护保养。

⑤贯彻经济性与可靠性并重的设计原则，合理降低工程造价和运行费用，提高工程效益，同时尽可能提高系统的可靠性与稳定性，节约能源，工程投资少，占地面积小，见效快。

⑥尽量采用新材料、新产品以延长设备的使用寿命。

⑦污水处理站设计前必须提出或调查污水排放的水质、水量、排放情况及处理要求，当缺乏实测资料时，可根据养殖场的规模、性质、所在地区、人口数量等参照同类养殖场，或参照常规数据设计。

2. 设计基本依据

①甲方提供的有关技术参数及设计要求。

②《畜禽养殖业污染物排放标准》（GB18596—2001）。

③《城镇污水处理厂污染物排放标准》（GB18918—2002）。

④《建筑地基基础设计规范》(GBJ147—89)。

⑤《混凝土结构设计规范》(GBJ17—88)等。

3. 设计资料

(1) 设计水量

根据项目提供的技术要求，本方案设计污水处理水量为300m³/d。

(2) 设计进水水质

结合常规养殖场污水水质，经检测污水的进水水质请见下表11-11。

表 11-11　设计进水水质的指标要求

编号	污染物质	污水原水水质	单位
1	pH	6.5 ~ 7.5	
2	SS	6000	mg/L
3	COD_{cr}	11000	mg/L
4	BOD_5	6000	mg/L
5	氨氮	820	mg/L
6	总磷	150	mg/L
7	大肠菌群	10^6	个/升

(3) 排放标准

根据环评要求，处理后污水水质需达到的标准见下表11-12。

表 11-12　处理后的污水水质标准

编号	污染物质	排放标准	单位
1	pH	6 ~ 9	
2	COD_{cr}	50	mg/L
3	BOD_5	10	mg/L
4	SS	10	mg/L
5	氨氮	5(8)	mg/L
6	总磷	0.5	mg/L
7	粪大肠菌群数	10^3	个/升
8	蛔虫卵	2	个/升

（4）设计、施工范围

本工程的设计范围：污水处理系统的工艺、设备、电气、自控等的全部内容。

①工艺设计，本方案工艺设计从格栅渠入口到污水达标排放口，不包括格栅渠前污水收集管道的设计。

②电气设计，现场各设备、电器的连接，由甲方负责将三相电源接至现场配电柜。

（三）污水处理工艺的选择

1. 污染物去除

污水主要的污染物有四类。第一类为悬浮物SS，第二类为有机污染物（以COD_{cr}、BOD_5为指标），第三类为无机营养盐N、P，第四类为粪大肠菌等细菌。

畜禽养殖废水中悬浮物的浓度不仅仅只影响到出水的SS指标，而且出水的BOD_5、COD_{cr}等指标也与其有关，这是因为组成水中悬浮物的主要成分是活性污泥絮体或脱落的生物膜，其本身有机成分就很高，较高的悬浮物含量会使得出水中BOD_5、COD_{cr}等均增加，所以控制污水处理出水的SS指标是最基本的，也是十分重要的。本方案中污水的SS去除主要靠气浮和沉淀法。当工艺参数选择适当和单体设计优化时，完全能够使出水SS指标达到排放标准。

2. 有机物去除

污水中有机物的去除主要是靠微生物吸附与代谢作用，然后对吸附代谢物进行泥水分离来完成的。生物作用一般分为厌氧和好氧两种。一般来说，厌氧处理分四个阶段进行。

①水解阶段：高分子有机物由于其大分子体积不能直接通过厌氧菌的细胞壁，需要在微生物体外通过胞外酶加以分解成小分子。废水中典型的有机物质比如纤维素被纤维素酶分解成纤维二糖和葡萄糖，淀粉被分解成麦芽糖和葡萄糖，蛋白质被分解成短肽和氨基酸。分解后的这些小分子能够通过细胞壁进入到细胞的体内进行下一步的分解。

②酸化阶段：上述的小分子有机物进入到细胞体内转化成更为简单的化合物并被分配到细胞外，这一阶段的主要产物为挥发性脂肪酸（VFA），同时还有部分的醇类、乳酸、二氧化碳、氢气、氨、硫化氢等产物产生。

③产乙酸阶段：在此阶段，上一步的产物进一步被转化成乙酸、碳酸、氢气以及新的细胞物质。

④产甲烷阶段：在这一阶段，乙酸、氢气、碳酸、甲酸和甲醇都被转化成甲烷、二氧化碳和新的细胞物质。这一阶段也是整个厌氧过程最为重要的阶段和整个厌氧反应过程的限速阶段。

厌氧分解过程中，由于缺乏氧作为氢受体，因而对有机物分解不彻底，代谢产物中包括众多的简单有机物，因此需要好氧工艺进一步去除。

在废水好氧生物处理过程中，氧是有机物氧化时的最后氢受体，正是因为这种氢的转移，才使能量释放出来，成为微生物生命活动和合成新细胞物质的能源，所以必须不断地供给足够的溶解氧。

好氧生物处理时，一部分微生物吸收的有机氧化物分解成简单的无机物，如有机物中的碳被氧化成二氧化碳，氢与氧化合成水，氮被氧化成氨、亚硝酸和硝酸盐、磷被氧化成磷酸盐，硫被氧化成硫酸盐等，同时释放出能量，作为微生物自身生命活动的能源。另一部分有机物则作为其生长繁殖所需要的构造物质，合成新的原生质。

3. N、P去除

污水除磷脱氮的方法通常包括物理化学法和生物处理法。国外从20世纪60年代开始曾系统地进行了除磷脱氮的物化处理方法的研究，结果认为单纯物化法存在药耗量大、污泥多、运行费用高等缺点，因此，大量的污水处理一般不推荐采用。70年代以来，国外开始研究并逐步采用活性污泥法生物除磷脱氮。我国从80年代初开始研究生物除磷脱氮技术，80年代后期逐步用于生产实践，目前采用的生物除磷脱氮工艺为“厌氧—缺氧—好氧活性污泥法”等。随着国家对污水排放标准的提高，特别是对P的排放指标提高（一级标准<0.5mg/L），因此在许多高磷废水处理时，化学除磷方法也作为生物除磷的辅助手段。

4. 大肠菌的去除

污水中粪大肠菌群等菌类的去除主要靠强氧化性物质使菌体有机物分解或丧失功能，使细菌的代谢和繁殖过程遭到破坏，从而达到灭菌效果。

5. 污水处理工艺的选择

根据以上分析，如果要求在去除有机物的同时能实现除磷脱氮的功能，在生化处理系统中必须具有水解酸化和好氧处理的单元，只有这几个单元的有机组合才可以达到去除有机物和N、P的功能。

常用的生化处理工艺主要有厌氧处理工艺、水解酸化工艺和好氧处理工艺，现将各种处理方法的特点陈述如下：

（1）厌氧生化法

厌氧生化是指在无分子氧条件下通过厌氧微生物的作用，将废水中的各种复杂有机物分解转化为甲烷和二氧化碳等物质的过程，该工艺可用于中高浓度的有机废水处理。厌氧生化处理的典型工艺为UASB（上流式厌氧污泥床）工艺，该工艺在国内外有较多的成功实例。

厌氧生化法与好氧生化法相比具有以下优点：应用范围广；能耗低、负荷高、剩余污泥量少；厌氧污泥可以长期存放，在停止运行一段时间后可迅速启动。

但是厌氧生化法也存在以下缺点：厌氧微生物增殖缓慢，因而调试启动时间长，一般需要0.5～1年时间；出水往往达不到排放标准，需进一步处理，故一般在厌氧后串联好氧处理；厌氧处理系统操作控制因素较复杂；产生甲烷为易爆气体，若不加以利用，安全设置要求较高；易产生硫化物，引起较大异味，造成空气污染。

（2）MBR法

膜—生物反应器（Membrane Bioreactor,MBR）为膜分离技术与生物处理技术有机结合的新形态废水处理系统。MBR是膜分离技术与生物处理法的高效结合，其起源是用膜分离技术取代活性污泥法中的二沉池，进行固液分离。这种工艺不仅有效地达到了泥水分离的目的，而且具有污水三级处理传统工艺不可比拟的优点：

①高效地进行固液分离，其分离效果远好于传统的沉淀池，出水水质良好，出水悬浮物和浊度接近于零，可直接回用，实现了污水资源化。

②膜的高效截留作用，使微生物完全截留在生物反应器内，实现反应器水力停留时间(HRT)和污泥龄(SRT)的完全分离，运行控制灵活稳定。

③由于MBR将传统污水处理的曝气池与二沉池合二为一，并取代了三级处理的全部工艺设施，因此可大幅减少占地面积，节省土建投资。

④利于硝化细菌的截留和繁殖，系统硝化效率高。通过运行方式的改变亦可有脱氨和除磷功能。

⑤由于泥龄可以非常长，从而大大提高难降解有机物的降解效率。

⑥反应器在高容积负荷、低污泥负荷、长泥龄下运行，剩余污泥产量极低，由于泥龄可无限长，理论上可实现零污泥排放。

⑦系统实现PLC控制，操作管理方便。

（3）生物接触氧化法

生物接触氧化法是一种介于活性污泥法和生物滤池之间的生物膜法工艺，接触氧化池内设有填料，部分微生物以生物膜的形式固着生长于填料表面，部分则是以絮状悬浮生长于水中，因此它兼有活性污泥法和生物滤池的特点。生物接触氧化法工艺特征：

①由于填料的比表面积大，池内充氧条件好，生物接触氧化池内单位容积的生物量都高于活性污泥法曝气池和生物滤池，因此生物接触氧化池具有较高的容积负荷。

②由于相当一部分微生物附着生长在填料表面，生物接触氧化法不需要设有污泥回流系统，也不存在污泥膨胀问题，运行管理简便。

③由于生物接触氧化池内生物固体量多，水流属于完全混合型，因此生物接触氧化池对水质水量的骤变有较强的适应能力。

④采用的悬浮球填料，具有良好的传质效果，对有机物去除效果明显，耐腐蚀，不堵塞，易于安装，易于挂膜。

⑤操作简单、运行方便，易于维护管理，不产生污泥膨胀现象，也不产生滤池蝇。

⑥生物接触氧化处理技术具有多种净化功能，除有效地去除有机污染物外，对脱氮和除磷也有一定的效果。

由于采用了前置厌氧水解池，形成厌氧—好氧除磷脱氮工艺，具有一定的脱氮除磷作用。

生物脱氮过程由硝化和反硝化两步完成。硝化是将氨氮氧化成硝酸盐，在好氧条件下完成。反硝化是将硝酸盐还原成氮气从水中脱出，在缺氧条件（无分子氧但有硝酸盐态氧）下和具有有机物供给反硝化菌碳能源时才能完成。因此传统的生物脱氮为硝化—反硝化工艺，在反硝化前要投加有机化学药剂，流程复杂，构筑物多。

前置反硝化脱氮技术，先将污水引入缺氧段，在其中以污水中的有机物作为碳能源，对硝酸盐进行反硝化脱氮，有机物得到初步降解；然后进入好氧段，其中有机物进一步降解和硝化。

生物除磷流程由厌氧段（无分子氧和硝酸盐态氧）、好氧段和二沉池组成。活性污泥中的一些细菌具有在厌氧条件下释放磷和在好氧条件下过量吸收磷的特点，通过排放富磷剩余污泥将磷从水中去除。

（4）消毒方法选择

①次氯酸钠投加法。

次氯酸钠（NaClO）是最原始的消毒处理方法之一。该方法由于原料来源方便、产品稳定安全、运输方便等特点，应用较为广泛。次氯酸钠作为商品在市场可以购买，也可以现场制作。目前小型污水处理现场制作一般采用电解食盐法。但次氯酸钠消毒能力弱，处理过程中带来废渣，正逐步被其他产品替代。

②液氯法。

液氯消毒以消毒能力强、价格便宜广泛应用于污水处理的消毒。液氯的含氯浓度高，有效氯含量达99%以上，比次氯酸钠溶液高5～10倍。但氯气是一种有刺激性气味的黄色有毒气体，必须有专用的贮存设备和加氯设备。目前，典型的加氯设备有人工定时开启式加氯和自动提升加氯。但有关资料研究表明，液氯会与氨反应生成一氯胺、二氯胺及三氯胺而消耗液氯，也能形成有致癌作用的三卤甲烷(THM)，加上液氯的不完全性，所以液氯消毒受到限制。

③二氧化氯法。

二氧化氯(ClO_2)在水中的溶解度是氯的5倍，其氧化能力是氯气的215倍左右，是一种强氧化剂，是国际上公认的含氯消毒中唯一的高效消毒剂。它可以杀灭一切微生物，包括细菌繁殖体、细胞芽孢、真菌、分枝杆菌和病毒等。它能有效地破坏水中的微量有机污染物，如苯并芘、蒽醌、氯仿、四氯化碳、酚、氯酚、氰化物、硫化氢及有机硫化物等，能很好地氧化水中一些还原状态的金属离子如Fe^{2+}、Mn^{2+}、Ni^{2+}等。二氧化氯最大的优点在于与腐殖质及有机物反应几乎不产生发散性有机卤化物，不生成并抑制生成有致癌作用的三卤甲烷，也不与氨及氨基化合物反应。

综上所述，本方案拟采用二氧化氯发生器制取二氧化氯的消毒方式。

6. 废水处理工艺流程设计

经过上述分析，结合养殖污水特性，本方案拟采用格栅+调节+固液分离+气浮+预酸化+IC+AO+MBR+二氧化氯消毒工艺。

(四)处理工艺分析

1. 工艺流程简述

污水经格栅渠滤出毛皮等大颗粒物质进入调节池，调节池水经渣浆泵输送到固液分离机进行固液分离，分离出水进入气浮机，去除水中的悬浮物和胶体后进入预酸化池，使酸化度达到40%～50%后泵入IC厌氧反应器，IC出水进入AO生化池，在水解反应池中与接触氧化池回流的部分污水混合发生生物反硝化，同时去除部分COD_{cr}。发生生物脱氮后，混合液从水解酸化池进入接触氧化池，在好氧作用下，异养微生物首先降解BOD_5，随着有机物浓度不断降低，自养微生物发生硝化反应，把氨氮降解成硝态氮和亚硝态氮。经AO处理后的污水进入MBR池，将大部分生化污泥和污染物质截留后出水进入消毒池，经二氧化氯消毒后达标排放，二沉池和MBR池的剩余污泥泵入污泥浓缩池，浓缩池污泥定期用板框压滤机脱水后外运。IC产生的甲烷等气体燃烧处理。

2. 工艺特点

①工艺技术先进，污染物去除率高，适合于各种类型的养殖废水处理工程。

②通过设置A池，提高污染物的去除率；生物接触氧化池水流属于完全混合型，能有效抵抗水质、水量变化的冲击负荷，提高处理装置运行的稳定性。工艺设置了污泥回流，反硝化内回流，可有效提高系统的脱氮除磷效率。

③本装置采用先进、成熟的处理工艺，处理后水质指标达到国家要求标准。

④本系统的控制系统，自动化程度高，运行管理简便。

3. 电气及自动控制系统

本方案采用PLC系统控制，实现对各机械设备及处理单元的自动和手动控制，按照PLC系统中编制好的程序顺序进行流量、加药、曝气、抽水等控制。

污水处理站控制可实现自控和手动两种控制，在自动化控制状态下，各个工艺运行根据自动控制程序和检测分析的运行数据自动进行各电气设备的启动和关闭，调整有关电机的运行频率，实行设备间操作互锁，阅读设备和电气运行参数，给出声光报警信号，切换备用设备。在手动情况下，所有设备均在现场或控制操作台上手动执行，这时上位机可起到监视作用。

4. 处理效率分析

表 11-13 处理效率分析

序号	处理单元		主要污染物质(mg/L)					
			SS	COD_{cr}	BOD_5	氨氮	总磷	大肠杆菌个/升
1	初沉池	进水	6000	11000	6000	820	150	10^6
		出水	5000	11000	6000	820	150	10^6
		去除率%	16.7	—	—	—	—	—
2	固液分离机	出水	3000	10000	6000	820	150	10^6
		去除率%	40	9.1	—	—	—	—
3	气浮机	出水	1000	8000	4500	700	120	10^6
		去除率%	66.7	20	25	14.6	20	—
4	预酸化池	出水	500	7500	4000	700	120	10^6
		去除率%	50	6.25	11.1	—	—	—
5	IC	出水	800	2000	1000	400	100	10^6
		去除率%	—	73.3	75	42.9	16.7	—

续表

序号	处理单元		主要污染物质(mg/L)					
			SS	COD_{cr}	BOD_5	氨氮	总磷	大肠杆菌个/升
6	水解酸化池1	出水	800	1600	800	350	100	10^6
		去除率%	—	20	20	12.5	—	—
7	水解酸化池2	出水	600	1000	500	100	100	10^6
		去除率%	25	37.5	37.5	71.4	—	—
8	接触氧化池1	出水	500	600	300	60	50	8×10^5
		去除率%	16.7	40	40	40	50	20
9	二沉池1	出水	200	600	300	60	50	8×10^5
		去除率%	60	—	—	—	—	—
10	接触氧化池2	出水	200	200	100	10	10	5×10^5
		去除率%	—	66.7	66.7	83.3	80	37.5
11	MBR池	出水	8	30	8	3	0.3	5000
		去除率%	96	—	—	—	—	—
12	接触氧化池3	出水	100	80	40	5	1	10^5
		去除率%	—	73.3	73.3	75	95	80
13	MBR池	出水	8					
		去除率%	92	62.5	80	40	70	90
14	消毒池	出水	8	28	7.5	3	0.3	300
		去除率%	—	6.67	6.25	—	—	94

(五)主要构筑物与附属设备

1. 设备选择原则

设备的选用直接影响着污水处理厂的造价、运行成本、维护频次和使用寿命，是决定污水处理厂建设成败的关键因素之一。从向甲方提供最佳性价比的产品、维护甲方长期利益的角度出发，本设计在选择设备时遵循如下原则：

①关键工艺路径上全部选用质量确信可靠的产品。国内制造水平满足要求的，可以选用国际著名品牌的合资供应商；国内制造水平没有把握的，则选用进口设备。

②考虑到今后维护的方便，国产设备尽量选用就近地区的产品，尤其是不便于运输的大型机械设备。

③设备的整体档次和自动化水平应符合现代化养殖场的标准和要求，尽量减少工人的

劳动强度，改善工人的劳动环境。

④对于可能造成人身伤害的化学药剂系统，尤其是储罐和输送管路，务必选用绝对安全的材质和制造商。

2. 主要构筑物设计

①格栅渠：去除水中的大的颗粒物，设计钢砼材质，结构尺寸为2.0m × 0.5m × 1.0m，数量1座，主要附件为机械格栅1台（B=500mm、b=20mm、N=0.75kW）、细格栅1个（B=500mm，b=5mm）。

②调节池：废水排放无规律性，污水处理工程需24h连续运转，所以必须设置调节池。设置调节池的目的是使废水的水质、水量得到一定程度的缓冲和均衡，为后续处理工艺创造一个相对稳定的工作环境，减轻后续处理负担。设计地下钢砼材质，结构尺寸为10.0m × 8.0m × 5.0m，数量1座，主要附件为渣浆泵2台（50YW15-15）和潜水搅拌机2台（QJB0.85/8-260/3-740/C/S）。

③预酸化池：对污水进行预酸化处理，是污水酸化度达到40% ~ 50%，控制好水的VFA、pH和温度等指标，保证IC反应器正常运行。设计地下钢砼材质，结构尺寸为5.0m × 3.0m × 5.0m，主要附件为潜水搅拌机1台（QJB0.55/4-220/3-1400）。

④水解酸化池：控制污水厌氧反应只发生水解酸化作用，为后续处理创造条件。设计地下钢砼材质，结构尺寸为5.0m × 3.0m × 5.0m，数量2座。

⑤接触氧化池：有机物被微生物生化降解，而继续下降；有机氮被氨化继而被硝化，使NH_3-N浓度显著下降，但随着硝化过程使NO_3-N的浓度增加，P随着聚磷菌的过量摄取，也以较快的速度下降。

设计地下钢砼材质，结构尺寸为6.0m × 3.0m × 5.0m，数量2座，主要附件为罗茨风机2台（升压42.75kPa，Qs=7.5m^3/min），回流泵1台(65WQ32-30-5.5)及若干曝气头和填料。

⑥二沉池：沉淀接触氧化池除水中活性污泥等。设计地下钢砼材质，结构尺寸为3.0m × 3.0m × 5.0m，数量1座，主要附件为污泥泵1台（50WQ10-8-0.55）。

⑦MBR池：MBR膜可以截留水中大部分污染物质。设计地下钢砼材质，结构尺寸为5.0m × 3.0m × 5.0m，数量1座，主要附件为MBR膜组2套，污泥泵1台（50WQ10-8-0.55）和抽吸水泵2台。

⑧消毒池：通过投加二氧化氯消毒剂灭杀水中的大肠杆菌等细菌。设计地下钢砼材质，结构尺寸为4.0m × 3.0m × 3.0m，数量1座，主要附件为二氧化氯发生器1台（WHA-50）。

⑨固液分离机：除去初沉池污水中部分粪渣，数量1台。

⑩气浮机：除去水中的悬浮物和胶体，数量1台。

⑪板框压滤机：对污泥浓缩池污泥进行脱水，数量1台。

⑫IC塔：对高COD_{cr}浓度污水进行处理，大量减少水中的COD_{cr}、BOD_5等污染物质，并产生甲烷等不完全分解的有机物产物。设计玻璃钢材质，结构尺寸为D5m × 18m，数量1座。

⑬污泥浓缩池：二沉池剩余污泥和MBR池产生的污泥最终排入污泥浓缩池。设计地下钢砼材质，结构尺寸为4.0m × 4.0m × 5.0m。

3. 控制系统

本系统根据水处理工艺要求设计，系统采用可编过程控制器（PLC）为核心，对提升泵、风机等进行控制；对调节池的水位进行监视。控制系统设有两种控制方式，即手动和自动方式。自动操作是本系统的主要操作方式，手动操作采用不经过PLC的方式，主要用于设备的调试和维护。系统设计基本目标：

①调节池提升泵：根据调节池的水位高低，自动开启或停止提升泵。

②好氧池鼓风机与调节池提升泵联动。

③污泥回流泵：根据运行时间控制污泥泵启停。

（六）工程设备与材料

1. 主要设备清单

表 11-14　主要设备清单

序号	设备名称	技术规格	数量	材质	备注
1	格栅渠				
1.1	机械格栅		1台		
	主体	B=500mm，b=20mm，安装角度75°			
	配电机	N=0.75 kW			
1.2	细格栅		1个		
	主体	B=500mm，b=5mm，安装角度75°			
2	调节池				
2.1	渣浆泵		2台		一用一备
	泵体	$Q=15m^3/h$，H=15m			
	配电机	N=3kW			
2.2	潜水搅拌机		2台		

续表

序号	设备名称	技术规格	数量	材质	备注
	泵体	叶轮直径260mm			
	配电机	N=0.85 kW			
3	固液分离机		1台		
	配电机	N=3 kW			
4	气浮机		1套		
	主配电机	N=5 kW			
4.1	空压机		1台		
	配电机	N=0.75 kW			
4.2	PAC加药装置		1套		
	配电机	N=0.5 kW			
4.3	溶气罐		1个		
5	板框压滤机		1台		
	主体	过滤面积180m^2			
	配电机	N=4 kW			
6	预酸化池				
6.1	提升泵		2台	铸铁	
	泵体	Q=15m^3/h，H=10m			
	配电机	N=1.1 kW			
6.2	浮球液位开关	高开低停	1套		
6.3	潜污搅拌机		1台		
	泵体	叶轮直径220mm			
	配电机	N=0.55kW			
7	IC厌氧反应器	D5m×18m	1套		
8	水解酸化池				
8.1	高效生物载体	Φ150，单条长度2.5m	90m^3	维纶醛化丝	
8.2	填料框架	上层Φ14，下层Φ12	2套	碳钢重防腐	
8.3	穿孔曝气装置	Φ50	80套		
9	接触氧化池				
9.1	高效生物载体	Φ150，单条长度1.5m	108m^3	维纶醛化丝	
9.2	填料框架	上层Φ14，下层Φ12	2套	碳钢重防腐	
9.3	微孔曝气头	Φ215	120套		

续表

序号	设备名称	技术规格	数量	材质	备注
	主体			ABS	
	膜片			EPDM	
9.4	三叶罗茨风机	$Q=7.5m^3/min$	2台	铸铁	
	配电机	N=11kW			
9.5	布气装置		2套	ABS	
	支架			ABS	
9.6	溢流装置		2套	SS304	
9.7	导流装置		2套	SS304	
9.8	混合液回流系统		1套		
9.9	回流泵		1台		
	泵体	$Q=32m^3/h$，H=30m			
	配电机	N=5.5kW			
10	二沉池				
10.1	污泥泵		1台		
	泵体	$Q=10m^3/h$，H=8m		铸铁	
	配电机	N=0.55kW			
10.2	导流筒	D400	1套		
10.3	溢流堰		1套		
11	MBR膜池				
11.1	污泥泵		1台		
	泵体	$Q=10m^3/h$，H=8m		铸铁	
	配电机	N=0.55kW			
11.2	MBR膜组件	日处理水量$200m^3$	2套		
	MBR膜	膜材料：PVDF，内衬支撑材料：PET 膜丝长度：2000mm 截留分子量：500000道尔顿 过滤孔径：≤0.2μm 单片膜面积：$17m^2$			
	MBR膜箱	1720mm×1250mm×2530mm包含组架内的起吊配件、集水管		SS304	
11.3	抽吸水泵		2台	SS304	
	泵体	$Q=10m^3/h$，H=10m			

续表

序号	设备名称	技术规格	数量	材质	备注
	配电机	N=0.75kW			
11.4	真空泵		1台	SS304	
	泵体	Q=0.45m³/min			
	配电机	N=21.1kW			
11.5	反洗泵		1台	SS304	
	泵体	Q=30m³/h，H=14m			
	配电机	N=2.2kW			
12	消毒池				
12.1	二氧化氯发生器	有效率产量50g/h	1台		
	配电机	N=0.5kW			
13	管道及辅材				
	空气管道	DN50-DN125	1宗	UPVC、镀锌	
	污水管道	DN20-DN300	1宗	UPVC	
	加氯管道	DN20-DN32	1宗	UPVC	
	污泥管道	DN50-DN65	1宗	UPVC	
	安装辅材	角铁、槽钢、螺栓等	1宗		
14	电气控制				
14.1	低压配电柜		1套		
14.2	电缆		1宗		

2. 主要构筑物清单

表 11-15　主要构筑物清单

序号	名称	尺寸	数量	材质	备注
1	格栅渠	2.0m×0.5m×1.0m	1座	地下钢砼	
2	调节池	10.0m×8.0m×5.0m	1座	地下钢砼	
3	预酸化池	5.0m×3.0m×5.0m	1座	地下钢砼	
4	IC厌氧塔	D=5m，H=18m	1座	地上玻璃钢	
5	水解酸化池	5.0m×3.0m×5.0m	2座	地下钢砼	
6	接触氧化池	6.0m×3.0m×5.0m	2座	地下钢砼	
7	二沉池	3.0m×3.0m×5.0m	1座	地下钢砼	
8	MBR膜池	5.0m×3.0m×5.0m	1座	地下钢砼	
9	消毒池	4.0m×3.0m×3.0m	1座	地下钢砼	
10	污泥浓缩池	4.0m×4.0m×5.0m	1座	地下钢砼	

（七）运行成本分析

1. 运行能耗分析

污水处理电气控制采用集中控制，设备每天运行参数如下表11-16，设备耗电量为533.15kWh，电价以0.6元/kWh计，则每天电费为319.89元。

表 11-16　污水处理设备每天运行参数

序号	设备名称	数量	单机功率/kW	装机功率/kW	运行功率/kW	运行时间/h	耗电量kWh
1	渣浆泵	2台	3	6	3	20	60
2	潜水搅拌机	2台	0.85	1.7	1.7	12	20.4
3	潜水搅拌机	1台	0.55	0.55	0.55	10	5.5
4	固液分离机	1台	3	3	3	10	30
5	气浮机	1台	5	5	5	10	50
6	板框压滤机	1台	4	4	4	1	4
7	提升泵	2台	1.1	2.2	1.1	20	22
8	回流泵	1台	5.5	5.5	5.5	12	66
9	三叶罗茨风机	2台	11	22	11	20	220
10	污泥泵	2台	0.55	1.1	0.55	1	0.55
11	抽吸水泵	2台	0.75	1.5	1.5	15	22.5
12	真空泵	1台	21.1	21.1	21.1	1	21.1
13	反洗泵	1台	2.2	2.2	2.2	0.5	1.1
14	二氧化氯发生器	1台	0.5	0.5	0.5	20	10
	合计			76.35			533.15

2. 药剂用量费用分析

用二氧化氯发生器，每生产出1克有效氯约花费0.003元，每吨水投加消毒剂量按3克（有效氯）计算，则每吨污水所需药剂费为0.01元。

3. 污泥清运费

每年一次，共3000元，即8.22元/天。

4. 人工费用

本设备自动化程度高，只需要设兼职人员定时巡检，无需专人负责。

5. 每吨水运行成本

（319.89+8.22）元 ÷ 300+0.01=1.10元/(吨 · 天)。

养殖污水经污水处理站运行处理后，水质达到排放标准，减少自来水的用量，可使周边水环境得到改善，取得明显的环境效益和经济效益。

（八）公用设施设计

1. 建筑设计

本工程为新建工程，主要内容包括：水池和综合设备间等建构筑物。

2. 结构设计

本工程生产性构筑物（建筑物）为砖混结构，其他构筑物均采用现浇钢筋混凝土整体结构。建筑结构的安全等级设计为二级；建筑结构的地基基础设计等级为丙级；建筑抗震设防类别属丙类建筑，抗震设防烈度为8度；构筑物主体结构的设计使用年限为50年；钢筋混凝土结构构件的裂缝控制等级为三级，最大裂缝宽度限值为0.2mm。

3. 安全、节能及防火消防设计

本工程设计采取了以下措施，以确保厂区安全生产和运行管理人员的劳动保护。各生产构筑物均设便于操作和行走的操作平台、走道板及安全护栏、扶手；各种用电设备均按国家的有关标准作好接零接地保护。电器设备外壳，电缆桥架等设备均与接地网相连；电气设备及机械设备的布置注意留有足够的安全操作距离及空间。在运行前制定相应的安全规程，操作人员上岗前进行必要的专业技术培训，以确保正常运转。

在本工程设计中，工艺布置及管线连接简洁，减少水力损失，选用效率在80%以上的水泵，减少耗电量。

厂区内所有建、构筑物均按二级耐火等级设计，其墙、柱、梁、板、楼梯等均采用非燃料体材料，在总图布置上各建筑物之间按《建筑设计防火规范》要求，留有足够的防火间距，接入相应的消防设施。

4. 通风设计

废水处理产生气味的场所有设备间通风量为12次/小时。为改善操作环境，考虑对场所进行全面通风。建议通风采取机械通风和自然补风相结合的通风方式。在各场所的外墙分别设置若干台轴流排风机，将室内有异味的空气排至室外。对于废水处理过程中产生的废气所造成的二次污染，由管道将臭气收集到风机房，经罗茨风机将废气抽到接触氧化池，进行生化除臭处理后达标排放。

5. 防腐设计

所有内部连接管道均采用PVC、不锈钢管材，有很好的耐腐蚀性。构筑物内支架均进行防腐处理。操作间地面采用钢筋混凝土加环氧树脂防腐的结构形式，做到防腐、防渗。污水池和衰变池采用钢筋混凝土加环氧树脂防腐的结构形式，做到防腐、防渗。

6. 电气及消防安全设计

本工程采用TN-C-S供电系统，电源采用VV22-1kV电力电缆由附近供电点埋地敷设引至中央控制室电控柜。

所有设备正常状态下均由中央控制柜集中控制，为应付偶然情况需单个设备运作，中央控制台兼有手动系统，即各台设备的控制兼有独立性，可不与其他设备关联。所有控制系统的工作状态及各电机设备的工作、故障状态均可在中心控制室里中央控制柜进行显示及报警，通过中央控制柜都可以对各设备实现手动—自动控制切换，对备用设备在工作设备故障时可自动投入。

对所有正常非带电设备的金属外壳、电控柜等均做好可靠接地，进线电缆处进行重复接地，接地电阻不大于4欧姆。

厂区内所有建、构筑物均按二级耐火等级设计，其墙、柱、梁、板、楼梯等均采用非燃料体材料，在总图布置上各建筑物之间按《建筑设计防火规范》要求，留有足够的防火间距，接入相应的消防设施。

参考文献

[1] 中华人民共和国环境保护部，中华人民共和国国家统计局，中华人民共和国农业部. 第一次全国污染源普查公报[R]. 2010. 02. 06.

[2] 国家环境保护总局.畜禽养殖业污染防治技术政策[Z]. 2010.

[3] 国家环境保护总局，国家质量监督检验检疫总局.畜禽养殖业污染物排放标准GB 18596—2001[S].

[4] 国家环境保护总局.畜禽养殖业污染防治技术规范HJ/T 81—2001[S]. 2001.

[5] 全国农业技术推广服务中心.中国有机肥料养分志[M].北京：中国农业出版社，1999：53–81.

[6] 陈彪，陈敏，钱午巧，等.规模化养猪场粪污处理工程设计[J]. 农业工程学报，2005,21(2):126–130.

[7] 赵玉杰，高怀友，张克强，等.集约化畜禽养殖场污染物处理应用现代信息技术初探[J].中国生态农业学报，2005,13(2):190–192.

[8] 叶小梅，常志州，钱玉婷，等.江苏省大中型沼气工程调查及沼液生物学特性研究[J].农业工程学报，2012，28(6)：222–227.

[9] 唐登勇，郑正，林志荣，等.天然沸石吸附低浓度氨氮废水的研究[J].环境科学与技术,2010,33(12):206–209.

[10] 陈彪，林敬培，钱午巧.山区大中型畜牧场废弃物处理技术研究：福建省农业工程学会 2004年学术年会.纪念学会建会20周年论文汇编[C],2004.

[11] 陈彪，陈晓晨，肖艳春，等.沼液生物熟化及资源化安全利用调控技术研究与应用[J].中国科技成果,2018,13：65–66.

[12] 林启才，徐楠，成西娟，等.生物发酵床技术在畜禽养殖业污染处理中的应用分析[C].中国环境科学学会学术年会论文集(2014),2014.

[13] 徐英.利用蝇蛆处理畜禽粪便污染的生物技术[J].农家致富顾问，2016(6).

[14] 章非娟. 生物脱氮技术[M]. 北京：中国环境科学出版社，1992，15–25.

[15] 严勃，葛诚，贾小红，等.利用畜禽粪便加工有机肥发展生态农业[C]. 畜禽养殖生态园建设及其学术研讨会论文集，2008：43–53.

[16] 董红敏，朱志平，黄宏坤，等. 畜禽养殖业产污系数和排污系数计算方法[J].农业工程学报，2011，27(1)：303–308.

[17] 张淑芬. 畜禽粪便饲料化生产利用技术[J]. 饲料研究，2016(17)：48–50.

[18] Cao Y, Chang Z, Wang J, et al. The fate of antagonistic microorganisms and antimicrobial substances during anaerobic digestion of pig and dairy manure[J]. Bioresource Technology,

2013, 136: 664–671.

[19] Li Sun, Bettina M, Maria w,et al. Syntrophic acetate oxidation in industrial CSTR biogas digesters[J]. Journal of Biotechnology,2014, 171: 39–44.

[20]Cheng X,Huang X,Wang X,et al.Phosphate adsorption from sewage sludge filtrate using zinc–aluminum layered double hydroxides[J].Journal of Hazardous Materials, 2009,169(1/3):958–964.